A Practical Guide to Web Programming with Rails 6

impress
top gear

現場のプロから学ぶ
本格Webプログラミング

Ruby on Rails 6

[機能拡張編] 実践ガイド

黒田 努 = 著

インプレス

● 本書の利用について

◇ 本書の内容に基づく実施・運用において発生したいかなる損害も、株式会社インプレスと著者は一切の責任を負いません。

◇ 本書の内容は、2019 年 12 月の執筆時点のものです。本書で紹介した製品／サービスなどの名称や内容は変更される可能性があります。あらかじめご注意ください。

◇ Web サイトの画面、URL などは、予告なく変更される場合があります。あらかじめご了承ください。

◇ 本書に掲載した操作手順は、実行するハードウェア環境や事前のセットアップ状況によって、本書に掲載した通りにならない場合もあります。あらかじめご了承ください。

● 商　標

◇ Rails、Ruby on Rails、および Rails ロゴは、David Heinemeier Hansson の登録商標です。

◇ Docker は、Docker, Inc. の商標です。

◇ VirtualBox は、Oracle Corporation の米国およびその他の国における商標です。

◇ Linux は、Linus Benedict Torvalds の米国およびその他の国における商標もしくは登録商標です。

◇ Ubuntu は、Canonical Ltd. の米国およびその他の国における商標もしくは登録商標です。

◇ Microsoft、Windows、Windows Server は、米国 Microsoft Corporation の米国およびその他の国における登録商標または商標です。

◇ UNIX は、Open Group の米国およびその他の国での商標です。

◇ その他、本書に登場する会社名、製品名、サービス名は、各社の登録商標または商標です。

◇ 本文中では、®、©、^{TM} は、表記しておりません。

はじめに

　本書は、2019 年 12 月に出版された『Ruby on Rails 6 実践ガイド』の続編です。2014 年 7 月に発売された『実践 Ruby on Rails 4 機能拡張編[*1]』を Ruby on Rails（以下、Rails）バージョン 6 向けに大幅加筆を施したものです。ただし、Chapter 3 は『実践 Ruby on Rails 4: 現場のプロから学ぶ本格 Web プログラミング』の最終章に基づいています。

　私たちは本編で企業向け顧客管理システム Baukis2 を開発してきました。この機能拡張編でもそれを続けることになります。全体は 4 部に分かれます。最初の Part I では Baukis2 の開発環境構築手順とソースコードの概要をおさらいします。本書単独で読まれる方は、本編で導入された「フォームオブジェクト」「サービスオブジェクト」「モデルプレゼンター」などの概念についてここで学んでください。

　本書のテーマは多岐にわたります。クッキー、リクエスト元の IP アドレス、Ajax、データベーストランザクション、排他的ロック、ツリー構造のデータ、など。しかし、おそらく Rails 初学者の多くが最も難しく感じるのは、Chapter 6 以降で扱う「多対多の関連付け」でしょう。

　Baukis2 では、顧客向けの各種プログラム（催し物、イベント、講習会、セミナー、キャンペーンなど）とプログラムへの申込者が多対多（N 対 N）で関連付けされます。すなわち、一人の顧客は複数のプログラムに申し込むことができて、1 つのプログラムには複数の顧客が申し込めます。現実の Web アプリケーションでは、しばしばこのような関連付けを持つデータベース設計が必要となります。最終章（Chapter 12）では、顧客からの問い合わせにタグ付けする機能を作る過程で、多対多の関連付けが再び登場します。

　この機能拡張編の特色はもうひとつあります。それは、HTML フォームのさまざまなバリエーションを紹介していることです。特に Rails で業務システムを開発する場合、要求仕様に応じて自由に HTML フォームを設計・実装する力が求められます。本書では、さまざまなフォーム設計の事例を扱っていますので、一種のレシピ集として本書を活用してください。

　最後に、プロフェッショナルとして Rails アプリケーション開発現場で活躍したい読者の皆様に、本書が役に立てば幸いです。

2020 年 4 月吉日

黒田努

[*1]　『実践 Ruby on Rails 4 機能拡張編』は電子書籍として発売されました。Amazon からプリント・オン・デマンド（POD）で製本された書籍を入手することができましたが、単行本として一般の書店で流通しませんでした。

本書の構成

Part I　本編の振り返り

・Chapter 1　Baukis2 の概要と環境構築手順

Docker 利用して Rails アプリケーションの開発環境を構築します。

・Chapter 2　Baukis2 ソースコードの概要

Baukis2 のソースコードについて要点を解説します。

Part II　さまざまな Web 開発技法

・Chapter 3　検索フォーム

フォームオブジェクトを用いて Baukis2 に顧客検索機能を追加します。

・Chapter 4　次回から自動でログイン

チェックボックス「次回から自動でログイン」付きのログインフォームを作成します。

・Chapter 5　IP アドレスによるアクセス制限

接続元の IP アドレスによってアクセスを制限する機能を Baukis2 に追加します。

Part III　プログラム管理機能

・Chapter 6　多対多の関連付け

多対多で関連付けられたモデル群の基本的な取り扱い方法を解説します。

・Chapter 7　複雑なフォーム

やや複雑なフォームの処理について解説します。

・Chapter 8　トランザクションと排他的ロック

データベースの一貫性を保つために必要な排他的ロックについて解説します。

Part IV　問い合わせ管理機能

・Chapter 9　フォームの確認画面

顧客自身のアカウント管理用フォームを作成します。

・Chapter 10　Ajax

顧客からの問い合わせ処理を Ajax 技術で作成します。

・Chapter 11　ツリー構造

メッセージ（顧客からの問い合わせおよび返信）を一覧表示する機能を作ります。

・Chapter 12　タグ付け

メッセージにタグ（短い文字列）を付けて分類する機能を作ります。

『Ruby on Rails6 実践ガイド』（本編）での解説内容

本編での顧客管理システム Baukis2 の開発内容と Chapter の対応関係は以下の通りです。

1. 開発環境の構築（Chapter 2）

2. Rails アプリケーションの新規作成（Chapter 3）

3. テスト環境の構築（Chapter 4）

4. 仮設トップページの作成（Chapter 5）

5. エラー画面の作成（Chapter 6）

6. ログイン／ログアウト機能の実装（Chapter 7、Chapter 8）

7. ルーティング（Chapter 9）

8. 管理者が職員のアカウント情報を変更する機能の実装（Chapter 10）

9. Strong Parameters によるセキュリティ強化（Chapter 11）

10. アクセス制御の仕組みを導入（Chapter 12）

11. 管理者が職員のログイン・ログアウト記録を閲覧する機能の実装（Chapter 13）

12. 職員が自分のパスワードを変更する機能の実装（Chapter 14）

13. フォームプレゼンターを用いたソースコードの改善（Chapter 15）

14. 職員が顧客アカウントを追加・編集・削除する機能の実装（Chapter 16、Chapter 17）

15. 職員が顧客の電話番号を追加・編集・削除する機能の実装（Chapter 18）

本書の表記

- 本文内で注目すべき要素は、太字で表記しています。
- コマンドラインのプロンプトは % または $ で示されます。
- 実行結果の出力を省略している部分は、"..." あるいは（省略）で表記します。
- 長いコマンドラインでは、行末に \ を入れ、改行しています。

```
% sudo apt-get install \
    apt-transport-https \
（省略）
```

- 行番号に + が付いている行は追加する行、 - が付いて薄い文字で示される行は、削除する行を表します。また、リストで注目すべき箇所は下線で示されます。

spec/experiments/string_spec.rb

```
  :
11 -      example "nil の追加" do
11 +      xexample "nil の追加" do
12          s = "ABC"
13          s << nil
14          expect(s.size).to eq(4)
15        end
  :
```

本書で使用するコード

本書で使用するサンプルコードは、以下の URL から入手できます。なお、サンプルコードに関しては、随時更新される可能性がありますのでご了承ください。

https://github.com/kuroda/baukis2

各章終了時点におけるソースコード一式を入手するには、ブランチを切り替えてください。ブランチ名は book2-chNN のような形式となっています。NN の部分を章番号で置き換えてください。例えば、Chapter 7 に対応するブランチは book2-ch07 です。本書の開始時点に対応するブランチは book2-ch00 です。

読者サポートページ

https://www.oiax.jp/jissen_rails6

本書で使用した実行環境

オペレーティングシステム

- macOS 10.15（Catalina）
- Ubuntu 18.04
- Windows 10（May 2019 Update 1903）

仮想環境

- Docker CE 19.03
- Docker Compose 1.24
- Docker Desktop for Macintosh
- Oracle VirtualBox 6.0（for Windows）

> 本書では仮想化ソフトウェアとして Docker を採用しています。筆者は本書執筆時点で Docker for Windows が十分に安定していないと判断したため、Windows はサポート対象外としています。Windows ユーザーの方には、Oracle VirtualBox を使って Ubuntu 18.04 の仮想マシンを構築し、その上で Docker を利用することをお勧めします。

開発環境

- Ruby 2.6
- Ruby on Rails 6.0
- PostgreSQL 11

目　次

はじめに 3
　　本書の構成 4
　　本書の表記 6
　　本書で使用するコード 6
　　読者サポートページ 7
　　本書で使用した実行環境 7

Part I　本編の振り返り 11

Chapter 1　Baukis2 の概要と環境構築手順 12
　1-1　顧客管理システム Baukis2 12
　1-2　Baukis2 のセットアップ、起動、終了 17

Chapter 2　Baukis2 ソースコードの要点 22
　2-1　アプリケーション本体 22
　2-2　テストコード 38

Part II　さまざまな Web 開発技法 45

Chapter 3　検索フォーム 46
　3-1　顧客検索フォーム 46
　3-2　検索機能の実装 59
　3-3　演習問題 70

Chapter 4　次回から自動でログイン 72
　4-1　顧客のログイン・ログアウト機能 72
　4-2　自動ログイン機能の追加 81
　4-3　RSpec によるテスト 87

Chapter 5　IPアドレスによるアクセス制限 · · · · · · · · · · · · · · · · · · 92

5-1	IPアドレスによるアクセス制限 ·	92
5-2	許可IPアドレスの管理 ·	105
5-3	演習問題 ·	119

Part III　プログラム管理機能 · 121

Chapter 6　多対多の関連付け · 122

6-1	多対多の関連付け ·	122
6-2	プログラム管理機能（1）· ·	132
6-3	パフォーマンスの改善 ·	140

Chapter 7　複雑なフォーム · 150

7-1	プログラム管理機能（2）· ·	150
7-2	プログラム管理機能（3）· ·	162
7-3	プログラム申込者管理機能 ·	171
7-4	演習問題 ·	184

Chapter 8　トランザクションと排他的ロック · · · · · · · · · · · · · · 186

8-1	プログラム一覧表示・詳細表示機能（顧客向け）· · · · · · · · ·	186
8-2	プログラム申し込み機能 ·	192
8-3	排他制御 ·	200
8-4	プログラム申し込み機能の仕上げ ·	203

Part IV　問い合わせ管理機能 · 211

Chapter 9　フォームの確認画面 · 212

9-1	顧客自身によるアカウント管理機能 · · · · · · · · · · · · · · · · · · ·	212
9-2	確認画面の仮実装 ·	223
9-3	確認画面の本実装 ·	229
9-4	演習問題 ·	245

Chapter 10　Ajax · 246

10-1	顧客向け問い合わせフォーム ·	246
10-2	問い合わせ到着の通知 ·	259

Chapter 11　ツリー構造 ··· 270

11-1　問い合わせの一覧表示と削除 ····························· 270
11-2　メッセージツリーの表示 ·································· 282
11-3　パフォーマンスチューニング ····························· 289

Chapter 12　タグ付け ·· 296

12-1　問い合わせへの返信機能 ·································· 296
12-2　メッセージへのタグ付け ·································· 303
12-3　タグによるメッセージの絞り込み ····················· 315
12-4　一意制約と排他的ロック ·································· 325
12-5　演習問題 ··· 332

Appendix 演習問題解答 ·· 334

Chapter 3 解答 ······································· 334

Chapter 5 解答 ······································· 340

Chapter 7 解答 ······································· 342

Chapter 9 解答 ······································· 343

Chapter 12 解答 ······································ 348

索引 ·· 356

Part I

本編の振り返り

Chapter 1　Baukis2 の概要と環境構築手順 ········· 12
Chapter 2　Baukis2 ソースコードの要点 ············ 22

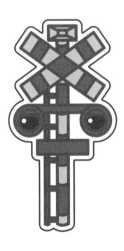

Chapter 1

Baukis2 の概要と環境構築手順

本書『Ruby on Rails 6 実践ガイド: 機能拡張編』は、書籍『Ruby on Rails 6 実践ガイド』（以下、本編と呼ぶ）の続編です。この Chapter 1 では、機能拡張編単独で読まれる読者のためにサンプルアプリケーションの概要と環境構築手順を解説します。

1-1　顧客管理システム Baukis2

　Baukis2 は、Ruby on Rails の学習用に作られた顧客管理システムです。読者の皆さんには本書を通じて段階的に Baukis2 を構築しながら、Rails アプリケーションの開発プロセスを体験していただきます。本節では、Baukis2 の概要を説明します。

> 本節の内容は、本編 Chapter 1 の内容を再構成したものです。

　このシステムの利用者は、職員（staff members）と管理者（administrators）と顧客（customers）に分類されます。各利用者が Baukis2 でできることを以下にまとめます（☆印は本編で実装されていないことを示します）。

全利用者共通：

- ログイン・ログアウト　※自分自身でアカウントを登録する機能はない。

職員：

- 顧客情報の管理（一覧表示、詳細表示、新規登録、更新、削除）。顧客情報には、氏名、性別、生年月日、メールアドレス、パスワード、自宅住所、勤務先、電話番号などが含まれる（図1-1、図1-2、図1-3）。
- 顧客情報の検索。☆
- プログラム（各種イベント、セミナーなど）の管理（一覧表示、詳細表示、新規登録、更新、削除）。☆
- プログラム参加者の管理（一覧表示、承認・キャンセルフラグの設定）。☆
- 顧客からの問い合わせの管理（一覧表示、詳細表示、検索、返信、タグ付け）。☆

管理者：

- 職員の管理（一覧表示、新規登録、更新、削除）。
- 職員のログイン・ログアウト記録の閲覧。
- 許可IPアドレスの管理（一覧表示、新規登録、削除）。☆
- 自分自身のパスワードの変更。☆

顧客：

- 自分自身のアカウント情報の変更。☆
- 自分自身のパスワードの変更。☆
- プログラムへの申し込みとキャンセル。☆
- 職員への問い合わせ。☆
- 職員からのメッセージ（返信）の管理（一覧表示、詳細表示、返信、削除）。☆

これらの他に、Baukis2には以下のような仕様があります。

- 職員および管理者は1時間以上にわたってBaukis2を利用しないと自動的にログアウトさせられる。
- 職員および管理者は許可IPアドレス以外からアクセスできない。ただし、この機能の利用は設定ファイルで無効化できる。☆

Chapter 1 Baukis2 の概要と環境構築手順

- 各利用者別のトップページの URL を設定ファイルで変更できる。デフォルトの設定は次の通り。
    - ▷ 職員 …… http://baukis2.example.com/
    - ▷ 管理者 …… http://baukis2.example.com/admin
    - ▷ 顧客 …… http://example.com/mypage

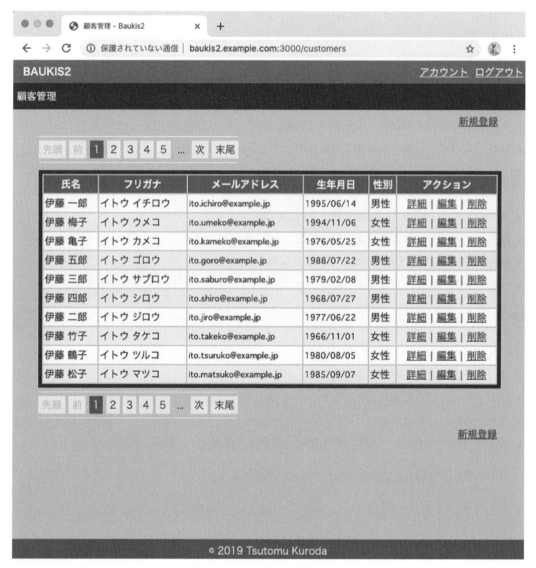

図 1-1 顧客の一覧表示

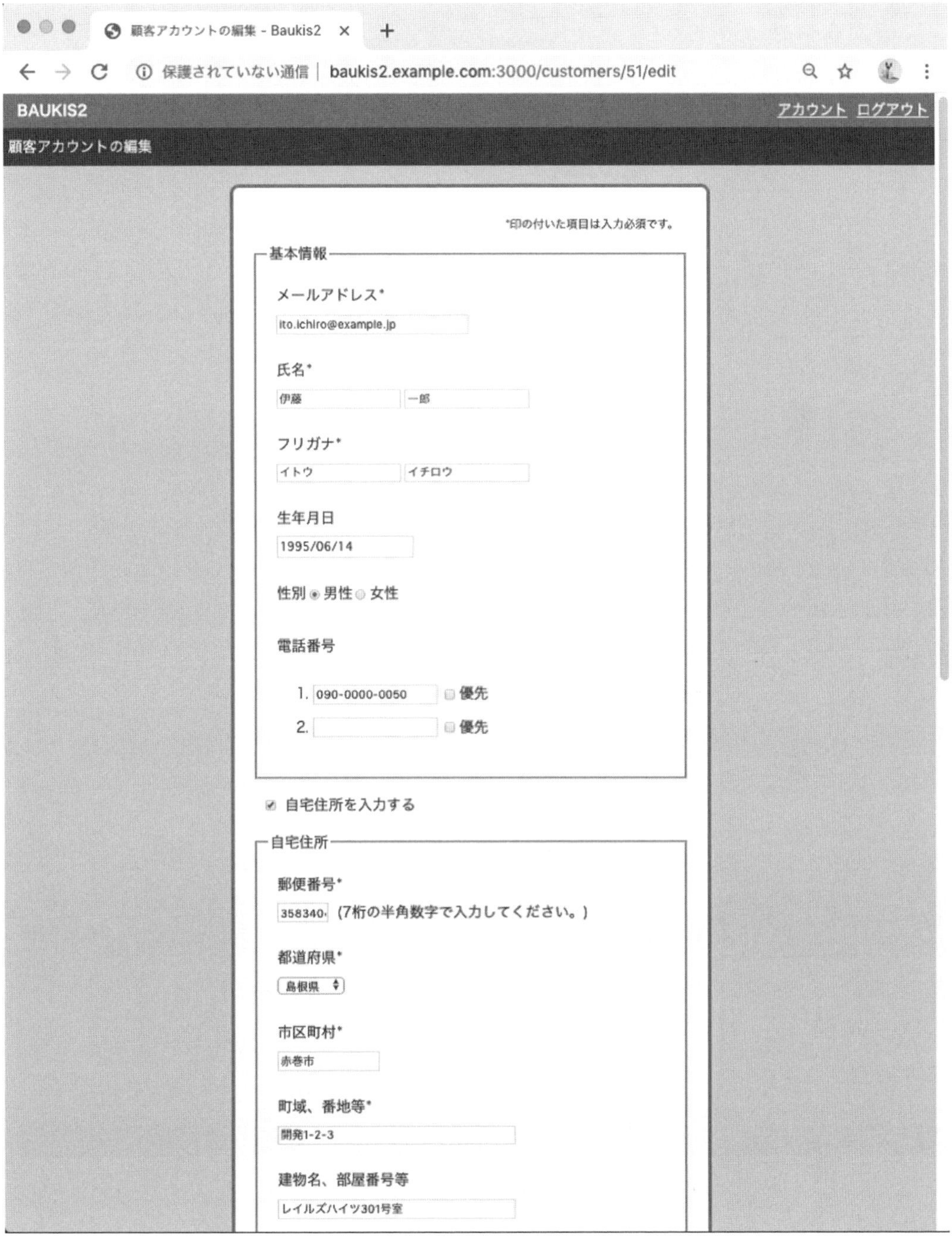
顧客アカウントの編集 - Baukis2
保護されていない通信 | baukis2.example.com:3000/customers/51/edit
BAUKIS2
アカウント
ログアウト
顧客アカウントの編集
*印の付いた項目は入力必須です。
基本情報
メールアドレス*
ito.ichiro@example.jp
氏名*
伊藤
一郎
フリガナ*
イトウ
イチロウ
生年月日
1995/06/14
性別 男性 女性
電話番号
1. 090-0000-0050 優先
2. 優先
自宅住所を入力する
自宅住所
郵便番号*
358340 (7桁の半角数字で入力してください。)
都道府県*
島根県
市区町村*
赤巻市
町域、番地等*
開発1-2-3
建物名、部屋番号等
レイルズハイツ301号室

図 1-2　顧客の編集フォーム (1)

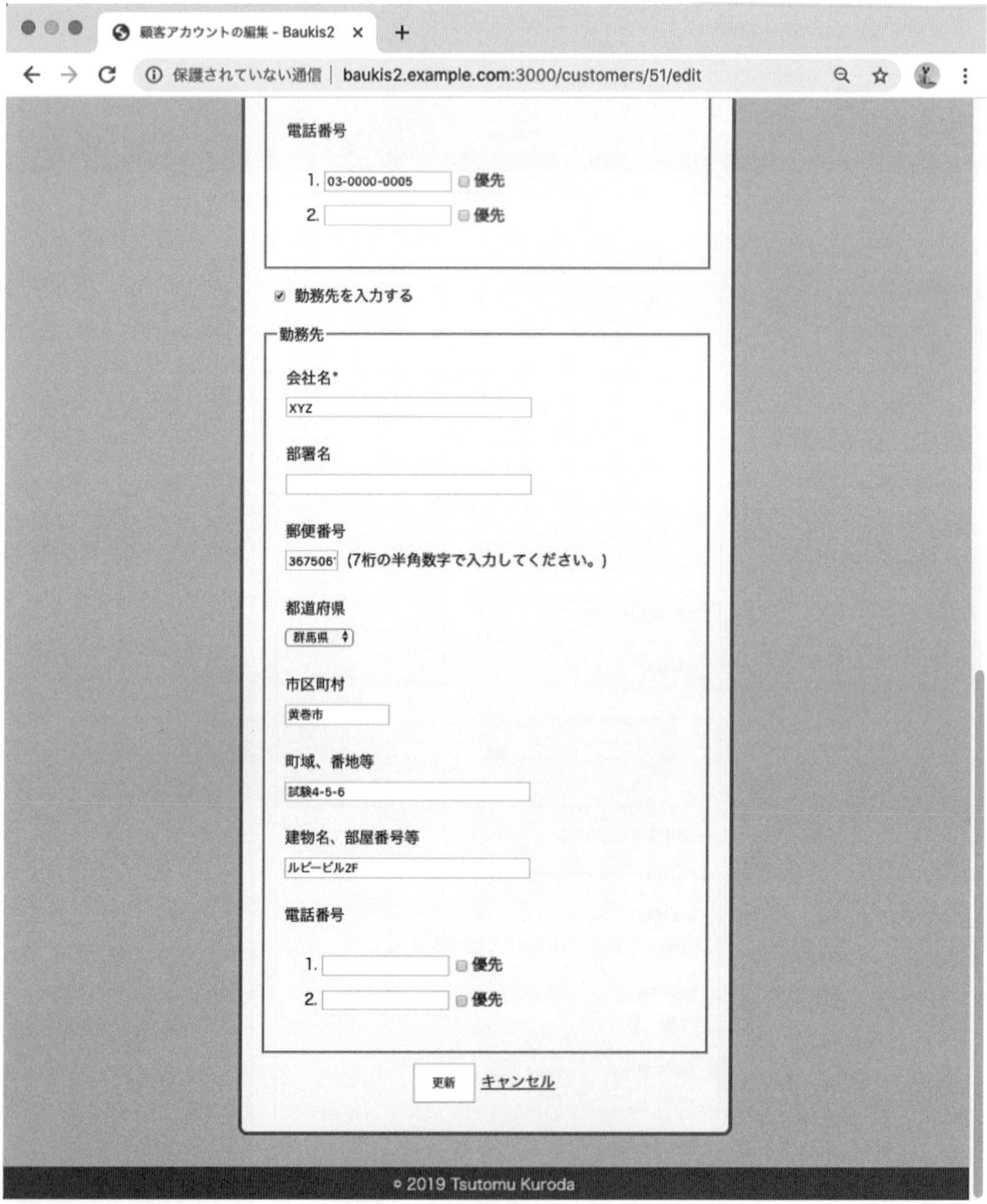

Chapter 1 Baukis2 の概要と環境構築手順

図 1-3　顧客の編集フォーム (2)

16

● 1-2 Baukis2 のセットアップ、起動、終了

1-2　Baukis2 のセットアップ、起動、終了

　この節では、本書（機能拡張編）を本編とは独立して読まれる方のために、本編最終章（Chapter 18）
終了時点での開発環境をセットアップし、Baukis 2 の起動と終了を行う手順を説明します。本編から
引き続いて学習を進める方は、この節を読み飛ばしてください。

1-2-1　Docker と Docker Compose のバージョンを確認

　本書では、仮想環境構成ツールである Docker と Docker Compose を利用します。ターミナルで以下
のコマンドを順に実行して、これらのツールがインストールされているかどうかを調べてください。

```
$ docker --version
Docker version 19.03.2, build 6a30dfc
$ docker-compose --version
docker-compose version 1.24.1, build 4667896b
```

　Docker と Docker Compose をインストールする手順は、本編 Chapter 2 で説明されています。本編を
お持ちでない方は、「mac docker compose install」あるいは「ubuntu docker compose install」というキー
ワードでネット検索し、なるべく新しい情報を探してください。

1-2-2　Rails 開発用コンテナ群の構築

　ターミナルで以下のコマンド群を順に実行します。

```
% git clone https://github.com/oiax/rails6-compose.git
% cd rails6-compose
% ./setup.sh
```

　1 番目のコマンドではバージョン管理システム Git のコマンド git を利用しています。Git をインス
トールする手順は、本編 Chapter 2 で説明されています。本編をお持ちでない方は、「mac git install」あ
るいは「ubuntu git install」というキーワードでネット検索し、なるべく新しい情報を探してください。

Ubuntu の場合、ここで「Got permission denied while trying to connect to the Docker daemon socket
at unix:///var/run/docker.sock: ...」というエラーメッセージが出るかもしれません。その場合は、sudo
usermod -aG docker $(whoami) コマンドを実行し、Ubuntu からログアウトして、再ログインしてくだ
さい。

17

Chapter 1 Baukis2 の概要と環境構築手順

1-2-3　Baukis2 のセットアップ

ターミナルで以下のコマンド群を順に実行します。

```
% docker-compose up -d
% docker-compose exec web bash
```

2 番目のコマンドで web という名前の Docker コンテナを起動し、bash を立ち上げています。本書ではこのコンテナを「web コンテナ」と呼びます。

続いて、以下のコマンド群を順に実行します。

```
$ git clone -b book2-ch00 https://github.com/kuroda/baukis2.git
$ cd baukis2
$ bin/bundle
$ yarn
```

データベースを初期化します。

```
$ bin/rails db:setup
Created database 'baukis2_development'
Created database 'baukis2_test'
Creating staff_members....
Creating administrators....
Creating staff_events....
Creating customers....
```

いったん、web コンテナから抜けます。

```
$ exit
```

1-2-4　hosts ファイルの設定

顧客管理システム Baukis2 の仕様に、3 種類の利用者（職員、管理者、顧客）ごとのトップページを別々の URL に設定できる、というものがありました。これからこの仕様を踏まえて開発を進めるには、仮想マシン上で動いている Rails アプリケーションに特定のホスト名でアクセスする必要があります。

そこで localhost に相当する 127.0.0.1 という IP アドレスに example.com と baukis2.example.com という 2 つのホスト名を設定することにしましょう。

作業はホスト OS 側で行います。どの OS でも hosts というファイルを管理者権限で編集します。

18

● 1-2 Baukis2 のセットアップ、起動、終了

hosts ファイルのあるディレクトリはホスト OS によって異なります。macOS の場合は/private/etc ディレクトリに、Ubuntu の場合は/etc ディレクトリにあります。

テキストエディタで hosts ファイルを開き、次の 1 行を追加してください。

```
127.0.0.1  example.com baukis2.example.com
```

> もしあなたの hosts ファイルに 127.0.0.1 で始まる行がすでに存在した場合でも、その行を消したりコメントアウトせずに、単純にこの 1 行を追加してください。

1-2-5　Baukis2 の起動

ターミナルで以下のコマンド群を順に実行します。

```
% docker-compose exec web bash
$ cd baukis2
$ bin/rails s -b 0.0.0.0
```

1-2-6　Baukis2 に職員としてログインする手順

ブラウザで http://baukis2.example.com:3000 を開きます。画面右上の「ログイン」リンクをクリックして、ログインフォームを開き、メールアドレス欄に taro@example.com、パスワード欄に password と入力して「ログイン」ボタンをクリックします。

1-2-7　Baukis2 に管理者としてログインする手順

ブラウザで http://baukis2.example.com:3000/admin を開きます。画面右上の「ログイン」リンクをクリックして、ログインフォームを開き、メールアドレス欄に hanako@example.com、パスワード欄に foobar と入力して「ログイン」ボタンをクリックします。

19

Chapter 1 Baukis2 の概要と環境構築手順

1-2-8　Baukis2 に顧客としてログインする手順

ブラウザで http://example.com:3000/mypage を開きます。画面右上の「ログイン」リンクをクリックして、ログインフォームを開き、メールアドレス欄に sato.ichiro@example.jp、パスワード欄に password と入力して「ログイン」ボタンをクリックします。

顧客向けのログイン機能は本書（機能拡張編）の Chapter 4 で作成します。現時点では、この URL にアクセスしてもエラーとなります。

1-2-9　Baukis2 の終了

web コンテナ上で Ctrl + C を入力すると、Baukis2 が終了します。学習を終了または中断する場合は、exit コマンドで web コンテナから抜けてください。

コンテナ群を停止するにはターミナルで次のコマンドを実行します。

```
% docker-compose stop
```

20

● 1-2 Baukis2 のセットアップ、起動、終了

Chapter 2

Baukis2 ソースコードの要点

本章では、『Ruby on Rails 6 実践ガイド』の本編で作成したサンプルアプリケーション Baukis2 のソースコードについて要点を解説します。

2-1 アプリケーション本体

2-1-1 ルーティング

config ディレクトリにある routes.rb は、Rails アプリケーションの要となるファイルです。このファイルに HTTP クライアント（ブラウザ）からのリクエストをどのアクションが処理するかを記述します。

本編終了時点での config/routes.rb のコードは次の通りです。

リスト 2-1　config/routes.rb

```
1  Rails.application.routes.draw do
2    config = Rails.application.config.baukis2
3
4    constraints host: config[:staff][:host] do
5      namespace :staff, path: config[:staff][:path] do
6        root "top#index"
```

● 2-1 アプリケーション本体

```
 7        get "login" => "sessions#new", as: :login
 8        resource :session, only: [ :create, :destroy ]
 9        resource :account, except: [ :new, :create, :destroy ]
10        resource :password, only: [ :show, :edit, :update ]
11        resources :customers
12      end
13    end
14
15    constraints host: config[:admin][:host] do
16      namespace :admin, path: config[:admin][:path] do
17        root "top#index"
18        get "login" => "sessions#new", as: :login
19        resource :session, only: [ :create, :destroy ]
20        resources :staff_members do
21          resources :staff_events, only: [ :index ]
22        end
23        resources :staff_events, only: [ :index ]
24      end
25    end
26
27    constraints host: config[:customer][:host] do
28      namespace :customer, path: config[:customer][:path] do
29        root "top#index"
30      end
31    end
32  end
```

このファイルを理解するためのポイントが3つあります。

1. 2行目の Rails.application.config.baukis2 は何か。
2. constraints メソッドはどのような役割を果たすのか。
3. namespace メソッドはどのような役割を果たすのか。

これらについては本編 Chapter 9 で解説されていますが、以下ごく簡単に説明します。Rails.application.config.baukis2 は config/initializers ディレクトリの baukis2.rb で定義されたハッシュを返します。初期状態では次のように定義されています。

リスト 2-2　config/initializers/baukis2.rb

```
1  Rails.application.configure do
2    config.baukis2 = {
3      staff: { host: "baukis2.example.com", path: "" },
```

23

Chapter 2 Baukis2 ソースコードの要点

```
4        admin: { host: "baukis2.example.com", path: "admin" },
5        customer: { host: "example.com", path: "mypage" }
6      }
7    end
```

Rails.application.config.baukis2 が返すハッシュを変数 config にセットすれば、

```
config[:staff][:host]
```

で、"baukis2.example.com" という文字列を取得できます。

config/routes.rb で 3 回使われている constraints メソッドは、HTTP リクエストに対して制約
（条件）を設定します。15-25 行をご覧ください。

リスト 2-3　config/routes.rb

```
:
15    constraints host: config[:admin][:host] do
:
25    end
:
```

host オプションに対して "baukis2.example.com" という文字列を指定しています。これは、HTTP
リクエストのホストがこの文字列であるという制約において、do ... end に書かれた設定が有効にな
る、という意味です。

続いて、16-24 行をご覧ください。

リスト 2-4　config/routes.rb

```
:
16    namespace :admin, path: config[:admin][:path] do
17      root "top#index"
18      get "login" => "sessions#new", as: :login
19      resource :session, only: [ :create, :destroy ]
20      resources :staff_members do
21        resources :staff_events, only: [ :index ]
22      end
23      resources :staff_events, only: [ :index ]
24    end
:
```

namespace メソッドは、名前空間を設定します。ここでは名前空間 :admin を設定することによっ

24

● 2-1 アプリケーション本体

て、do ... end の内側で設定されるルーティングの URL パス、コントローラ名、ルーティング名に
影響が及びます。具体的には、以下の 3 つの効果が現れます。

1. URL パスの先頭に "/admin" が付加される。

2. コントローラ名の先頭に "admin/" が付加される。

3. ルーティング名の先頭に "admin_" が付加される。

18 行目には次のように書いてあります。

```
get "login" => "sessions#new", as: :login
```

もしも名前空間が設定されていなければ、URL パスは /login、コントローラ名は sessions、ルー
ティング名は :login ですが、名前空間 :admin が設定されていますので、URL パスは /admin/login、
コントローラ名は admin/sessions、ルーティング名は :admin_login となります。

なお、URL パスの "admin" の部分は namespace メソッドの path オプションで変更可能です。Baukis2
の場合は、config/initializers/baukis2.rb で config[:admin][:path] の値を書き換えれば、URL
パスが変化します。

2-1-2 Strong Parameters

Strong Parameters はマスアサインメント脆弱性と呼ばれる Web アプリケーション特有のセキュリ
ティホールへの対策として Rails が用意している仕組みです（本編 Chapter 11 参照）。

次に示す staff/accounts コントローラのソースコードをご覧ください。

リスト 2-5　app/controllers/staff/accounts_controller.rb

```
 1    class Staff::AccountsController < Staff::Base
 2      def show
 3        @staff_member = current_staff_member
 4      end
 5
 6      def edit
 7        @staff_member = current_staff_member
 8      end
 9
10      def update
11        @staff_member = current_staff_member
12        @staff_member.assign_attributes(staff_member_params)
```

25

Chapter 2 Baukis2 ソースコードの要点

```
13        if @staff_member.save
14          flash.notice = "アカウント情報を更新しました。"
15          redirect_to :staff_account
16        else
17          render action: "edit"
18        end
19      end
20
21      private def staff_member_params
22        params.require(:staff_member).permit(
23          :email, :family_name, :given_name,
24          :family_name_kana, :given_name_kana
25        )
26      end
27    end
```

12行目をご覧ください。

```
@staff_member.assign_attributes(staff_member_params)
```

Strong Parameters が無効である状態では、ここは次のように書けます。

```
@staff_member.assign_attributes(params[:staff_member])
```

すなわち、フォームから送られてきたパラメータをそのまま assign_attributes メソッドの引数に渡せます。しかし、Strong Parameters を有効にした場合、例外 ActionController::ParameterMissing が発生します。

プライベートメソッド staff_member_params の中身は次の通りです。

```
params.require(:staff_member).permit(
  :email, :family_name, :given_name,
  :family_name_kana, :given_name_kana
)
```

このように書くことで、パラメータの第1階層のキーとして :staff_member が含まれることが確認され、そしてパラメータの第2階層のキーとしては列挙された5つのキー（:email、:family_name、等）以外のものが拒絶されることになります。

● 2-1 アプリケーション本体

2-1-3　ActiveSupport::Concern

Baukis2 では ActiveSupport::Concern という仕組みが繰り返し使われています。使用例を見てみましょう。

リスト 2-6　app/models/concerns/email_holder.rb

```ruby
module EmailHolder
  extend ActiveSupport::Concern

  included do
    include StringNormalizer

    before_validation do
      self.email = normalize_as_email(email)
    end

    validates :email, presence: true, "valid_email_2/email": true,
      uniqueness: { case_sensitive: false }
  end
end
```

ActiveSupport::Concern を利用して定義されたモジュールは、app/controllers/concerns ディレクトリまたは app/models/concerns ディレクトリに配置します。前者はコントローラ用モジュールの置き場所、後者はモデル用モジュールの置き場所です。

2行目をご覧ください。

```ruby
    extend ActiveSupport::Concern
```

このようにモジュール定義の中で ActiveSupport::Concern モジュールを extend すると、クラスメソッド included が使えるようになります。このメソッドはブロックを取り、ブロック内のコードがモジュールを読み込んだクラスの文脈で評価されます。

included ブロック内のコード（5-12 行）をご覧ください。

```ruby
    include StringNormalizer

    before_validation do
      self.email = normalize_as_email(email)
    end
```

27

Chapter 2 Baukis2 ソースコードの要点

```
    validates :email, presence: true, "valid_email_2/email": true,
      uniqueness: { case_sensitive: false }
```

あるクラスがこの EmailHolder モジュールを include すると、クラス定義の過程でこれらのコード が評価（実行）されます。例えば、Customer クラス定義の冒頭は次のように書かれています。

リスト 2-7　app/models/customer.rb

```
1  class Customer < ApplicationRecord
2    include EmailHolder
3    include PersonalNameHolder
4    include PasswordHolder
:
```

2 行目で EmailHolder モジュールを include していますね。この結果、Customer クラス定義の中 で次のように書いたのと同じ効果が得られます。

```
include StringNormalizer

before_validation do
  self.email = normalize_as_email(email)
end

validates :email, presence: true, "valid_email_2/email": true,
  uniqueness: { case_sensitive: false }
```

ActiveSupport::Concern モジュールに関しては、本編 Chapter 6, 14, 17 で説明されています。

2-1-4　値の正規化

次に示すのはモデルクラス Address のソースコードからの抜粋です。

リスト 2-8　app/models/address.rb

```
:
7    before_validation do
8      self.postal_code = normalize_as_postal_code(postal_code)
9      self.city = normalize_as_name(city)
10     self.address1 = normalize_as_name(address1)
11     self.address2 = normalize_as_name(address2)
```

● 2-1 アプリケーション本体

```
12      end
 :
```

ここで使われている 2 つのメソッド normalize_as_postal_code と normalize_as_name は、いずれも値の正規化（normalization）を行うメソッドで、StringNormalizer モジュールの中で次のように定義されています。

リスト 2-9　app/models/concerns/string_normalizer.rb

```
 :
10      def normalize_as_name(text)
11        NKF.nkf("-W -w -Z1", text).strip if text
12      end
 :
18      def normalize_as_postal_code(text)
19        NKF.nkf("-W -w -Z1", text).strip.gsub(/-/, "") if text
20      end
 :
```

NKF は日本語特有の各種文字列変換機能を提供するモジュールです。normalize_as_name メソッドは与えられた文字列に含まれる全角の英数字、記号、全角スペースを半角に変換し、先頭と末尾にある空白を除去して返します。normalize_as_postal_code メソッドは、normalize_as_name メソッドと同様の変換をした上で、さらにマイナス記号を除去します。

この種の正規化をバリデーションの前に行うのは、入力フォームの使い勝手をよくするための工夫です。例えば、マイナス記号が含まれていても含まれてなくても郵便番号として受け付け、住所の中に含まれる英数字が全角でも半角でもエラーになりません。

2-1-5　フォームオブジェクト

フォームオブジェクトは、Rails の正式な用語ではなく、Rails コミュニティで使われるようになった概念です。本書では「form_with メソッドの model オプションの値として指定できるオブジェクト」という意味で用いています。

次に示すのは、管理者ログインフォームのためのフォームオブジェクト Admin::LoginForm のソースコードです。

Chapter 2 Baukis2 ソースコードの要点

リスト 2-10　app/forms/admin/login_form.rb

```
1  class Admin::LoginForm
2    include ActiveModel::Model
3
4    attr_accessor :email, :password
5  end
```

単純に言えば、ActiveModel::Model モジュールを include したクラスは form_with メソッドの model オプションの値として指定できるので、それはフォームオブジェクトだということになります。フォームオブジェクト Admin::LoginForm は email および password という 2 つの属性を持ちます。これらの属性が、ログインフォームの中に配置されるメールアドレス欄とパスワード欄を生成するために利用されます。

Admin::LoginForm は、admin/sessions コントローラの new アクションで使われています (8 行目)。

リスト 2-11　app/controllers/admin/sessions_controller.rb

```
 :
 4    def new
 5      if current_administrator
 6        redirect_to :admin_root
 7      else
 8        @form = Admin::LoginForm.new
 9        render action: "new"
10      end
11    end
 :
```

そして、Admin::LoginForm オブジェクトのセットされたインスタンス変数 @form は、ERB テンプレートで次のように使用されます。

リスト 2-12　app/views/admin/sessions/new.html.erb

```
1  <% @title = "ログイン" %>
2
3  <div id="login-form">
4    <h1><%= @title %></h1>
5
6    <%= form_with model: @form, url: :admin_session do |f| %>
7      <div>
8        <%= f.label :email, "メールアドレス" %>
```

30

● 2-1 アプリケーション本体

```
 9        <%= f.text_field :email %>
10      </div>
11      <div>
12        <%= f.label :password, "パスワード" %>
13        <%= f.password_field :password %>
14      </div>
15      <div>
16        <%= f.submit "ログイン" %>
17      </div>
18    <% end %>
19  </div>
```

フォームオブジェクトを用いると、データベーステーブルと対応関係を持たないフォームを form_with メソッドで生成できます。フォームオブジェクトに関しては、本編 8-1 節で解説しています。

2-1-6　サービスオブジェクト

サービスオブジェクトもフォームオブジェクト同様に Rails の正式用語ではありません。サービスオブジェクトはアクション（コントローラのパブリックなインスタンスメソッド）と同様に、あるまとまった処理を行います。例えば、ユーザー認証のような処理です。この処理をサービスと呼びます。

サービスオブジェクトのコードを配置するディレクトリは決まっていませんが、本書では app/services ディレクトリを使用します。

次に示すのは管理者の認証を行うサービスオブジェクト Admin::Authenticator のソースコードです。

リスト 2-13　app/services/admin/authenticator.rb

```
 1  class Admin::Authenticator
 2    def initialize(administrator)
 3      @administrator = administrator
 4    end
 5
 6    def authenticate(raw_password)
 7      @administrator &&
 8        @administrator.hashed_password &&
 9        BCrypt::Password.new(@administrator.hashed_password) == raw_password
10    end
11  end
```

これを利用しているのは、admin/sessions コントローラの create アクションです。

31

Chapter 2 Baukis2 ソースコードの要点

リスト 2-14　app/controllers/admin/sessions_controller.rb

```
   :
13     def create
14       @form = Admin::LoginForm.new(login_form_params)
15       if @form.email.present?
16         administrator =
17           Administrator.find_by("LOWER(email) = ?", @form.email.downcase)
18       end
19       if Admin::Authenticator.new(administrator).authenticate(@form.password)
20         if administrator.suspended?
21           flash.now.alert = "アカウントが停止されています。"
22           render action: "new"
23         else
24           session[:administrator_id] = administrator.id
25           session[:admin_last_access_time] = Time.current
26           flash.notice = "ログインしました。"
27           redirect_to :admin_root
28         end
29       else
30         flash.now.alert = "メールアドレスまたはパスワードが正しくありません。"
31         render action: "new"
32       end
33     end
   :
```

19 行目をご覧ください。

```
if Admin::Authenticator.new(administrator).authenticate(@form.password)
```

まず Admin::Authenticator クラスのインスタンスを作り、そのインスタンスメソッド authenticate にパスワード文字列を渡すことで、ユーザー認証を行っています。

サービスオブジェクトに関しては、本編 8-2 節で解説しています。

2-1-7　モデルプレゼンター

モデルプレゼンターは、ERB テンプレートのソースコードを効率よく記述するためのオブジェクトです。Rails の公式用語ではありません。本書では app/presenters ディレクトリにモデルプレゼンターのソースコードを配置します。後述する「フォームプレゼンター」とともにプレゼンターというオブジェクトに分類されます。

次に示すのは Customer モデルのためのモデルプレゼンター CustomerPresenter からの抜粋です。

32

● 2-1 アプリケーション本体

リスト 2-15   app/presenters/customer_presenter.rb

```
 1   class CustomerPresenter < ModelPresenter
 2     delegate :email, to: :object
 3
 4     def full_name
 5       object.family_name + " " + object.given_name
 6     end
 7
 8     def full_name_kana
 9       object.family_name_kana + " " + object.given_name_kana
10     end
11
12     def birthday
13       return "" if object.birthday.blank?
14       object.birthday.strftime("%Y/%m/%d")
15     end
 :
```

そして、親クラス ModelPresenter のソースコードは次の通りです。

リスト 2-16   app/presenters/model_presenter.rb

```
 1   class ModelPresenter
 2     include HtmlBuilder
 3
 4     attr_reader :object, :view_context
 5     delegate :raw, :link_to, to: :view_context
 6
 7     def initialize(object, view_context)
 8       @object = object
 9       @view_context = view_context
10     end
11
12     def created_at
13       object.created_at.try(:strftime, "%Y/%m/%d %H:%M:%S")
14     end
15
16     def updated_at
17       object.updated_at.try(:strftime, "%Y/%m/%d %H:%M:%S")
18     end
19   end
```

　モデルプレゼンターはインスタンス生成の際に 2 つの引数を取ります。第 1 引数はモデルオブジェクト、第 2 引数はビューコンテキストです。ビューコンテキストとは、ERB テンプレートにおいて

33

Chapter 2 Baukis2 ソースコードの要点

self 変数が指し示すオブジェクトです。ビューコンテキストは、すべてのヘルパーメソッドをインスタンスメソッドとして所持しています。

モデルプレゼンターの定義で用いられているクラスメソッド delegate は、**委譲**と呼ばれるプログラミング技法を実現します。CustomerPresenter の 2 行目をご覧ください。

```
delegate :email, to: :object
```

CustomerPresenter オブジェクトで email メソッドが呼び出されると、object 属性に処理が委譲されます。object 属性には Customer オブジェクトがセットされていますので、結局は Customer#email メソッドが呼ばれることになります。

CustomerPresenter は、staff/customers#index アクションの ERB テンプレートで使用されています。

リスト 2-17　app/views/staff/customers/index.html.erb

```
  :
20      <% @customers.each do |c| %>
21        <% p = CustomerPresenter.new(c, self) %>
22        <tr>
23          <td><%= p.full_name %></td>
24          <td><%= p.full_name_kana %></td>
25          <td class="email"><%= p.email %></td>
26          <td class="date"><%= p.birthday %></td>
27          <td><%= p.gender %></td>
28          <td class="actions">
29            <%= link_to "詳細", [ :staff, c ] %> |
30            <%= link_to "編集", [ :edit, :staff, c ] %> |
31            <%= link_to "削除", [ :staff, c ], method: :delete,
32              data: { confirm: "本当に削除しますか？" } %>
33          </td>
34        </tr>
35      <% end %>
  :
```

21 行目で CustomerPresenter オブジェクトを作って変数 p にセットしています。23-27 行では、その p に対して full_name、full_name_kana、email、birthday、gender メソッドを呼び出すことで、顧客の各属性値を適宜変換して ERB テンプレートに埋め込んでいます。

モデルプレゼンターには、モデルの肥大化を防ぐというメリットがあります。full_name のような ERB テンプレートでしか使わないメソッドをモデルに定義するよりも、モデルプレゼンターとして分離した方がアプリケーション全体としてはソースコードの見通しがよくなります。

34

● 2-1 アプリケーション本体

2-1-8 HtmlBuilder

HtmlBuilder は、HTML ソースコードの断片を生成する markup メソッドを提供するモジュールです。筆者独自の工夫です。そのソースコードは次の通りです。

リスト 2-18　app/lib/html_builder.rb

```
 1  module HtmlBuilder
 2    def markup(tag_name = nil, options = {})
 3      root = Nokogiri::HTML::DocumentFragment.parse("")
 4      Nokogiri::HTML::Builder.with(root) do |doc|
 5        if tag_name
 6          doc.method_missing(tag_name, options) do
 7            yield(doc)
 8          end
 9        else
10          yield(doc)
11        end
12      end
13      root.to_html.html_safe
14    end
15  end
```

markup メソッドは、Gem パッケージ nokogiri が提供する Nokogiri::HTML::Builder クラスを利用しています。本編でも markup メソッドの中身については説明を省略し、使い方だけを解説しています。以下、markup メソッドの用例を列挙します。

例 ①

```
markup do |m|
  m.span "*", class: "mark"
  m.text "印の付いた項目は入力必須です。"
end
```

この例は全体で次のような HTML コードを生成します。

```
<span class="mark">*</span>印の付いた項目は入力必須です。
```

例 ②

```
markup do |m|
  m.div(class: "notes") do
```

35

Chapter 2 Baukis2 ソースコードの要点

```
      m.span "*", class: "mark"
      m.text "印の付いた項目は入力必須です。"
    end
  end
```

これは次のような HTML コードになります。

```
  <div class="notes"><span class="mark">*</span>印の付いた項目は入力必須です。</div>
```

例 ③

```
  markup(:div, class: "notes") do |m|
    m.span "*", class: "mark"
    m.text "印の付いた項目は入力必須です。"
  end
```

この例と次の例は同一の HTML コードを生成します。

```
  markup do |m|
    m.div(class: "notes") do
      m.span "*", class: "mark"
      m.text "印の付いた項目は入力必須です。"
    end
  end
```

HtmlBuilder モジュールに関しては、本編 15-2 節で説明しています。

2-1-9 フォームプレゼンター

　フォームプレゼンターは、HTML の部品を生成するためのオブジェクトです。インスタンス生成の際に 2 つの引数を取ります。第 1 引数はフォームビルダー、第 2 引数はビューコンテキストです。

　次に示すのは、FormBuilder クラスのソースコードからの抜粋です。

リスト 2-19　app/presenters/form_presenter.rb

```
1  class FormPresenter
2    include HtmlBuilder
3
4    attr_reader :form_builder, :view_context
5    delegate :label, :text_field, :date_field, :password_field,
```

● 2-1 アプリケーション本体

```
 6        :check_box, :radio_button, :text_area, :object, to: :form_builder
 7
 8      def initialize(form_builder, view_context)
 9        @form_builder = form_builder
10        @view_context = view_context
11      end
 :
20      def text_field_block(name, label_text, options = {})
21        markup(:div, class: "input-block") do |m|
22          m << decorated_label(name, label_text, options)
23          m << text_field(name, options)
24          m << error_messages_for(name)
25        end
26      end
 :
52      def error_messages_for(name)
53        markup do |m|
54          object.errors.full_messages_for(name).each do |message|
55            m.div(class: "error-message") do |m|
56              m.text message
57            end
58          end
59        end
60      end
61
62      def decorated_label(name, label_text, options = {})
63        label(name, label_text, class: options[:required] ?  "required" : nil)
64      end
65    end
```

text_field_block メソッド（20-26 行）をご覧ください。HtmlBuilder モジュールが提供する markup メソッドを用いて input-block という class 属性を持つ div 要素を生成しています。div 要素の中に 3 つの部品が配置されています。第 1 の部品はラベルです。decorated_label メソッドにより生成されます。第 2 の部品はテキスト入力欄です。text_field メソッドにより生成されます。このメソッド呼び出しはフォームビルダーの同名メソッドに委譲されます（5-6 行参照）。第 3 の部品はエラーメッセージです。error_messages_for メソッドにより生成されます。

この種の複雑な構成を持つ HTML の断片を ERB テンプレートだけで生成しようとすると、ソースコードが読みにくくなりがちです。フォームプレゼンターの中で markup メソッドをうまく利用すると、ソースコードの可読性が上がります。

フォームビルダーの使用例は次のようになります。

Chapter 2 Baukis2 ソースコードの要点

リスト 2-20 app/views/admin/staff_members/_form.html.erb

```
 1  <%= markup do |m|
 2    p = StaffMemberFormPresenter.new(f, self)
 3    m << p.notes
 4    p.with_options(required: true) do |q|
 5      m << q.text_field_block(:email, "メールアドレス", size: 32)
 6      m << q.password_field_block(:password, "パスワード", size: 32)
 7      m << q.full_name_block(:family_name, :given_name, "氏名")
 8      m << q.full_name_block(:family_name_kana, :given_name_kana, "フリガナ")
 9      m << q.date_field_block(:start_date, "入社日")
10      m << q.date_field_block(:end_date, "退職日", required: false)
11    end
12    m << p.suspended_check_box
13  end %>
```

StaffMemberFormPresenter クラスは FormPresenter クラスを継承しています。そのインスタンス
を変数 p にセットして、HTML フォームの部品を生成しています。フォームプレゼンターに関しては、
本編 15-3 節で説明しています。

4 行目で使用されている with_options は、Rails が Object クラスに追加したインスタンスメソッド
です。このメソッドを利用すると、同じオプションを繰り返し指定するのを避けることができます。
変数 p と変数 q は基本的に同じ働きをします。ただし、変数 q に対するメソッド呼び出しではデフォル
トで required: true というオプションが付加されます。

2-2　テストコード

『Ruby on Rails 6 実践ガイド』本編では、テスト（ソフトウェアによる自動テスト）
に関してもかなりのページ数を割いて説明しました。本節では、その概要を説明します。

2-2-1　RSpec

■ RSpec の基礎知識

Ruby on Rails に標準で組み込まれているテストフレームワークは MiniTest（Test::Unit の機能強化版）
ですが、本書では RSpec（アールスペック）を採用しました。

● 2-2 テストコード

RSpec のテストコードは spec ディレクトリに配置します。spec ディレクトリの直下には RSpec の設定ファイルである spec_helper.rb と rails_helper.rb があります。また、spec ディレクトリの直下には以下の 8 つのディレクトリが存在します（括弧内は用途）。

- experiments （Ruby や Rails が提供する機能を実験するためのテスト）
- factories （ファクトリー、後述）
- features （Capybara によるテスト）
- models （モデルのテスト）
- requests （リクエストのテスト）
- routing （ルーティングのテスト）
- services （サービスオブジェクトのテスト）
- support （テスト用のモジュールなど）

これらのディレクトリのうち、experiments ディレクトリと services ディレクトリは本書独自のものです。また、factories ディレクトリと support ディレクトリにはテストを補助するファイルが置かれます。

RSpec によるテストを記述したファイルは spec ファイルと呼ばれます。spec ファイルのファイル名は、必ず末尾が _spec.rb で終わります。

■ エグザンプルとエグザンプルグループ

MiniTest（Test::Unit）の用語でテストケースに相当する概念を、RSpec ではエグザンプル（example）と呼びます。また、複数の関連するエグザンプルをまとめたものをエグザンプルグループ（example group）と呼びます。

次に示すのは StaffMember モデルの spec ファイルからの抜粋です。

リスト 2-21　spec/models/staff_member_spec.rb

```
1    require "rails_helper"
2
3    RSpec.describe StaffMember, type: :model do
4      describe "#password=" do
5        example "文字列を与えると、hashed_password は長さ 60 の文字列になる" do
6          member = StaffMember.new
7          member.password = "baukis"
8          expect(member.hashed_password).to be_kind_of(String)
```

39

Chapter 2 Baukis2 ソースコードの要点

```
 9              expect(member.hashed_password.size).to eq(60)
10          end
11
12          example "nil を与えると、hashed_password は nil になる" do
13            member = StaffMember.new(hashed_password: "x")
14            member.password = nil
15            expect(member.hashed_password).to be_nil
16          end
17        end
18
19        describe "値の正規化" do
20          example "email 前後の空白を除去" do
21            member = create(:staff_member, email: " test@example.com")
22            expect(member.email).to eq("test@example.com")
23          end
                 :
```

　describe ... do と end で囲まれた範囲がエグザンプルグループで、example ... do と end で囲
まれた範囲がエグザンプルです。上記の例ではエグザンプルグループが二重の入れ子になっています。
エグザンプルの範囲を示すメソッドは example の他に specify や it を用いることができます。

■ expect メソッド

前掲の spec ファイルの 8 行目をご覧ください。

```
      expect(member.hashed_password).to be_kind_of(String)
```

　式 member.hashed_password の値が String クラス（あるいはその子孫クラス）のインスタンスで
あることを確かめています。もしそうでなければ、この行を含むエグザンプルが失敗したとみなされ
ます。
　この expect メソッドを用いたテストの記述法は、RSpec 3 における標準です。RSpec 2.x において
は、次のように書くのが標準でした。

```
      member.hashed_password.should be_kind_of(String)
```

しかし、この書き方は RSpec 3 では非推奨となっています。

40

● 2-2 テストコード

■ テストの実行

RSpec のテストを実行するには、bin/rspec コマンドを使用します。次のコマンドは spec ディレクトリにあるすべてのテストを実行します。

```
$ rspec
```

spec/models ディレクトリ以下のすべてのテストを実行するには、次のコマンドを使用します。

```
$ rspec spec/models
```

次のコマンドは spec/routing/hostname_constraints_spec.rb に書かれたすべてのエグザンプルを実行します。

```
$ rspec spec/routing/hostname_constraints_spec.rb
```

次のコマンドは spec/routing/hostname_constraints_spec.rb の 14 行目にあるエグザンプルだけを実行します。

```
$ rspec spec/routing/hostname_constraints_spec.rb:14
```

2-2-2 ファクトリー

次に、spec/factories ディレクトリにあるファイル群について説明します。ファイル administrators.rb のソースコードをご覧ください。

リスト 2-22　spec/factories/administrators.rb

```
1  FactoryBot.define do
2    factory :administrator do
3      sequence(:email) { |n| "admin#{n}@example.com" }
4      password { "pw" }
5      suspended { false }
6    end
7  end
```

このファイルの目的は Administrator モデルに対するファクトリーを定義することです。ファクトリーとは、定型的なモデルオブジェクトを生成するオブジェクトのことです。上記のように

41

Chapter 2 Baukis2 ソースコードの要点

:administrator という名前のファクトリーを定義すれば、次のような簡潔なコードで Administrator
オブジェクトを生成できます。

```
create(:administrator)
```

このときに生成される Administrator オブジェクトの各属性の値は、ファクトリーの定義に沿って
機械的に決まります。password 属性は常に "pw" で、suspended 属性は常に false です。email 属性
は、このファクトリーが呼ばれた回数により "admin1@example.com"、"admin2@example.com"、…の
ようになります。特定の属性の値を変更したい場合は、次のように書きます。

```
create(:administrator, suspended: true)
```

また、生成した Administrator オブジェクトをデータベースに保存したくない場合は、create メ
ソッドの代わりに build メソッドを用います。

```
build(:administrator)
```

次に示すのは、実際の使用例です。

リスト 2-23　spec/requests/admin/staff_members_management_spec.rb

```
 1  require "rails_helper"
 2
 3  describe "管理者によるログイン管理", "ログイン前" do
 4    include_examples "a protected admin controller", "admin/staff_members"
 5  end
 6
 7  describe "管理者による職員管理" do
 8    let(:administrator) { create(:administrator) }
 9
10    before do
11      post admin_session_url,
12        params: {
13          admin_login_form: {
14            email: administrator.email,
15            password: "pw"
16          }
17        }
18    end
 :
```

8行目でファクトリーが使用されています。

42

8行目で使用している let は「メモ化されたヘルパーメソッド」を定義するメソッドです。単純化して言えば、create(:administrator) によって作られるオブジェクトを返すヘルパーメソッド administrator（14行目で使用されています）を定義します。「メモ化されたヘルパーメソッド」については、本編 11-1-4 項「リクエストのテスト」で解説しています。

2-2-3 Capybara

Capybara（カピバラ）とは、Web ブラウザと Web アプリケーションの間で交わされる HTTP 通信をエミュレート（模倣）するためのライブラリです。これを RSpec に組み込むと、Rails アプリケーションのテストをより直感的に記述できるようになります。

Capybara を利用した spec ファイルは spec/features ディレクトリにまとめてあります。次に示すのは顧客の電話番号管理機能に関する spec ファイルからの抜粋です。

リスト 2-24　spec/features/staff/phone_management_spec.rb

```
 1  require "rails_helper"
 2
 3  feature "職員による顧客電話番号管理" do
 4    include FeaturesSpecHelper
 5    let(:staff_member) { create(:staff_member) }
 6    let!(:customer) { create(:customer) }
 7
 8    before do
 9      switch_namespace(:staff)
10      login_as_staff_member(staff_member)
11    end
12
13    scenario "職員が顧客の電話番号を追加する" do
14      click_link "顧客管理"
15      first("table.listing").click_link "編集"
16
17      fill_in "form_customer_phones_0_number", with: "090-9999-9999"
18      check "form_customer_phones_0_primary"
19      click_button "更新"
20
21      customer.reload
22      expect(customer.personal_phones.size).to eq(1)
23      expect(customer.personal_phones[0].number).to eq("090-9999-9999")
24    end
 :
```

43

Chapter 2 Baukis2 ソースコードの要点

　Capybara を使用した spec ファイルでは、エグザンプルグループの範囲を示すのに feature メソッドを、エグザンプルの範囲を示すのに scenario メソッドを用います。

　14 行目をご覧ください。

```
click_link "顧客管理"
```

　この式は「顧客管理」というラベルを持つリンクをクリックせよ、と Capybara に命じます。Capybara は現在のページの HTML 文書を解析して、そのようなリンクを探し、そのリンク先を開きます。Capybara を利用すると、あたかもユーザーがブラウザで操作をしているような感覚でテストを記述できます。

44

Part II

さまざまなWeb開発技法

Chapter 3　検索フォーム 46

Chapter 4　次回から自動でログイン 72

Chapter 5　IPアドレスによるアクセス制限 92

Chapter 3
検索フォーム

Chapter 3 では、フォームオブジェクトを用いて Baukis2 に顧客検索機能を追加します。Relation オブジェクトに複数の検索条件を追加し、それらを組み合わせて該当するレコードを絞り込む方法について解説します。

3-1 顧客検索フォーム

この節では、Baukis2 の顧客一覧ページに検索フォームを追加します。

3-1-1 顧客検索機能の仕様

現在、顧客一覧ページ（staff/customers#index アクション）にはすべての顧客がフリガナ順で表示されています。この節では、このページの上部に図 3-1 のような検索フォームを設け、検索条件に該当する顧客のみがリストアップされるようにします。

この検索フォームには、2 点特徴があります。1 つは、生年月日を入力するテキストフィールドがなく、その代わりに誕生年、誕生月、誕生日という 3 つのドロップダウンリスト（セレクトボックス）が存在することです。誕生年には「1900」から今年までの西暦年が選択肢として含まれています。誕生月は「1」から「12」まで。誕生日は「1」から「31」までです。年と月と日に別々のドロップダウンリストを用意したことにより、特定の生年月日で顧客を検索するだけでなく、4 月生まれの顧客だけ

● 3-1 顧客検索フォーム

図 3-1　顧客の検索フォーム

を抽出したり、4 月 1 日生まれの顧客だけを抽出したりできるようになります。

　もう 1 つの特徴は「住所の検索範囲」というドロップダウンリストです。このリストにはデフォル
ト値の「」（空白）の他に「自宅」「勤務先」という 2 つの選択肢があり、ここで選んだ値が都道府県と
市区町村による検索の振る舞いに影響を与えます。デフォルトでは addresses テーブルのすべてのレ
コードが検索対象となるのですが、例えば「自宅」を選んだ場合は、type カラムに"HomeAddress"と
いう値がセットされている addresses テーブルのレコードだけが検索対象となります。なお、「住所
の検索範囲」の値は電話番号による検索には影響を与えません。

3-1-2　データベーススキーマの見直し

■ インデックスの必要性

　さて、この検索機能を実装するためには、現在のデータベーススキーマを少し見直す必要がありま
す。さまざまなカラムを基準とした検索が行われるのですが、テーブルに十分なインデックスが設定
されていないので、このままでは顧客アカウントの数が増えたときに検索に時間がかかるようになり
ます。

　そこで、customers テーブルと addresses テーブルに追加のインデックスを設定するためのマイグ
レーションスクリプトを作成します。以下のコマンドを順に実行してください。

```
$ bin/rails g migration alter_customers1
$ bin/rails g migration alter_addresses1
```

rails g migration コマンドは、引数に指定した名前のマイグレーションファイルの骨組みを生成
するコマンドです。名前は何でもよいのですが、既存のマイグレーションファイルと重複しないよう
にする必要があります。

Chapter 3 検索フォーム

> Rails のドキュメントやチュートリアルでは、マイグレーションの内容に即した名前を選ぶように書いて
> あることが多いのですが、筆者はたいてい alter_XXXN（XXX はテーブル名、N は連番）という形式の名
> 前を採用しています。マイグレーションの内容をコンパクトに表現する名前を選ぶのは意外に難しいも
> のです。クラス名のようにずっと使い続けるものでもありませんので、そんなに頑張って命名しなくて
> もいいと私は考えています。

■ customers テーブルへのインデックス追加

customers テーブルのマイグレーションスクリプトを次のように書き換えます。

リスト 3-1　db/migrate/20190101000006_alter_customers1

```
 1    class AlterCustomers1 < ActiveRecord::Migration[6.0]
 2      def change
 3  +     add_column :customers, :birth_year, :integer
 4  +     add_column :customers, :birth_month, :integer
 5  +     add_column :customers, :birth_mday, :integer
 6  +
 7  +     add_index :customers, [ :birth_year, :birth_month, :birth_mday ]
 8  +     add_index :customers, [ :birth_month, :birth_mday ]
 9  +     add_index :customers, :given_name_kana
10  +     add_index :customers, [ :birth_year, :family_name_kana, :given_name_kana ],
11  +       name: "index_customers_on_birth_year_and_furigana"
12  +     add_index :customers, [ :birth_year, :given_name_kana ]
13  +     add_index :customers,
14  +       [ :birth_month, :family_name_kana, :given_name_kana ],
15  +       name: "index_customers_on_birth_month_and_furigana"
16  +     add_index :customers, [ :birth_month, :given_name_kana ]
17  +     add_index :customers, [ :birth_mday, :family_name_kana, :given_name_kana ],
18  +       name: "index_customers_on_birth_mday_and_furigana"
19  +     add_index :customers, [ :birth_mday, :given_name_kana ]
20      end
21    end
```

　まず、3〜5 行で customers テーブルに新たなカラムを 3 つ追加しています。すべて整数型で、生年
月日を年、月、日に分けて記録するためのものです。email_for_index と同様に、索引・検索のため
のカラムです。

　7〜8 行では誕生年、誕生月、誕生日のためのインデックスを設定しています（次ページのコラム
参照）。

　9 行目では「フリガナ（名）」のカラムにインデックスを設定しています。すでに「フリガナ（姓）」

48

●3-1 顧客検索フォーム

と「フリガナ（名）」の組に対する複合インデックスが設定されていますが、これでは「フリガナ（名）」単独で検索する場合に検索が遅くなります。

10～19行では、誕生年とフリガナ、誕生月とフリガナ、誕生日とフリガナの組み合わせで検索が行われた場合のことを考慮して、さまざまな組み合わせによる複合インデックスを設定しています。

10～11行をご覧ください。

```
add_index :customers, [ :birth_year, :family_name_kana, :given_name_kana ],
  name: "index_customers_on_birth_year_and_furigana"
```

add_index メソッドに name オプションを付けて、インデックスの名前を指定しています。

データベーステーブルのインデックスには名前が必要なのですが、add_index メソッドはデフォルトでテーブル名とカラム名を組み合わせてインデックス名を生成するので、通常私たちがインデックス名を意識することはありません。しかし、インデックス名の長さには制限（PostgreSQLでは63バイト）があるため、複合インデックスとして組み合わせるカラムの個数が増えるとこの制限を超えることがあります。このような場合には、name オプションを用いてインデックス名を指定する必要があります。

add_index メソッドが生成するインデックス名は、次の手順で作られます。

1. "index_"、テーブル名、"_on_" を連結する。
2. 単独のインデックスであればカラム名を追加する。
3. 複合インデックスであれば、すべてのカラム名を "_and_" で連結して追加する。

したがって、3個のカラムを用いた複合インデックスを設定する場合、テーブル名とカラム名の長さの合計が63文字を超えるとPostgreSQLで文字数オーバーとなります。

Column　複合インデックス

一般に、X、Y、Zという3つのカラムに対して複合インデックスが設定されている場合、カラムX単独の検索、カラムXとYを組み合わせた検索、そして3つのカラムを組み合わせた検索で、この複合インデックスが活用されます。

しかし、カラムY単独の検索、カラムZ単独の検索、あるいはカラムYとZを組み合わせた検索では、この複合インデックスは利用されません。またカラムXとZを組み合わせた検索では、カラムXに基づいてレコードを絞り込むところまではこの複合インデックスが利用されますが、そこからさらにカラムZに基づいてレコードを絞り込む処理には利用されません。

すべての組み合わせによる検索を最適化したければ、次の3つのインデックスを別途設定する必

Chapter 3 検索フォーム

要があります。

1. カラム Y と Z に対する複合インデックス

2. カラム X と Z に対する複合インデックス

3. カラム Z に対するインデックス

　ただし、検索項目の数が増えてくると組み合わせの数は膨大になり、すべての組み合わせに対してインデックスを設定するのは現実的ではなく、適宜省略することになります。customers テーブルの場合、例えば「誕生年」と「誕生日」を組み合わせた複合インデックスや「誕生月」と「誕生日」と「フリガナ（姓）」を組み合わせた複合インデックスは設定していません。

■ addresses テーブルへのインデックスの追加

addresses テーブルのマイグレーションスクリプトを次のように書き換えます。

リスト 3-2　db/migrate/20190101000007_alter_addresses1

```
1  class AlterAddresses1 < ActiveRecord::Migration[6.0]
2    def change
3 +    add_index :addresses, [ :type, :prefecture, :city ]
4 +    add_index :addresses, [ :type, :city ]
5 +    add_index :addresses, [ :prefecture, :city ]
6 +    add_index :addresses, :city
7    end
8  end
```

　3〜4 行では「住所の検索範囲」が限定された場合に使用するインデックスを設定し、5〜6 行では逆に「住所の検索範囲」が限定されない場合に使用するインデックスを設定しています。

　マイグレーションを実行して次に進みましょう。

```
$ bin/rails db:migrate
```

　データベース管理システムはインデックスのデータをメモリに読み込むことで、検索の高速化を図ります。したがって、インデックスを多く設定すれば、その分だけメモリ消費量が増えることになります。やみくもにインデックスを設定すればかえってシステムのパフォーマンスが低下する可能性があります。

50

● 3-1 顧客検索フォーム

3-1-3　誕生年、誕生月、誕生日の設定

■ Customer モデルの修正

customers テーブルに索引用カラムを 3 つ追加しましたので、Customer オブジェクトの保存時にそれらのカラムへ自動的に値がセットされるようにしましょう。Customer クラスのソースコードを次のように書き換えてください。

リスト 3-3　app/models/customer.rb

```
   :
13     validates :birthday, date: {
14       after: Date.new(1900, 1, 1),
15       before: ->(obj) { Date.today },
16       allow_blank: true
17     }
18 +
19 +   before_save do
20 +     if birthday
21 +       self.birth_year = birthday.year
22 +       self.birth_month = birthday.month
23 +       self.birth_mday = birthday.mday
24 +     end
25 +   end
26   end
```

birthday 属性には Date オブジェクトまたは nil がセットされています。nil でなければ、year メソッド、month メソッド、mday メソッドによって日付の年、月、日を取得し、birth_year 属性、birth_month 属性、birth_mday 属性に値をセットします。

■ SQL 文によるマイグレーション

Customer モデルを書き換えたことによって、これからデータベースに保存される Customer オブジェクトに関しては誕生年、誕生月、誕生日のデータが用意されることになります。しかし、すでに customers テーブルに保存されているレコードに関しては、データが空です。birth_year、birth_month、birth_mday という 3 つのカラムを更新するマイグレーションスクリプトを書いて実行する必要があります。

51

Chapter 3　検索フォーム

> もちろん bin/rails db:reset コマンドを実行してシードデータを初めから作り直せば、すべての Customer オブジェクトに関して誕生年、誕生月、誕生日が用意されることになります。しかし、すでに Baukis2 が実運用環境で使われている場合は、そういうわけには行きません。

update_customers1 という名前のマイグレーションスクリプトの骨組みを作成します。

```
$ bin/rails g migration update_customers1
```

そして、スクリプトの中身を次のように書き換えてください。

リスト 3-4　db/migrate/20190101000008_update_customers1

```
 1    class UpdateCustomers1 < ActiveRecord::Migration[6.0]
 2 -    def change
 3 -    end
 2 +    def up
 3 +      execute(%q{
 4 +        UPDATE customers SET birth_year = EXTRACT(YEAR FROM birthday),
 5 +          birth_month = EXTRACT(MONTH FROM birthday),
 6 +          birth_mday = EXTRACT(DAY FROM birthday)
 7 +        WHERE birthday IS NOT NULL
 8 +      })
 9 +    end
10 +
11 +    def down
12 +      execute(%q{
13 +        UPDATE customers SET birth_year = NULL,
14 +          birth_month = NULL,
15 +          birth_mday = NULL
16 +      })
17 +    end
18    end
```

　これまでのマイグレーションスクリプトでは change メソッドを 1 つだけ持つクラスが定義されていましたが、今回は up メソッドと down メソッドを定義しています。up メソッドにはマイグレーションを進める処理、down メソッドにはマイグレーションを取り消す（ロールバックする）処理を記述します。

　マイグレーションスクリプトで使用できるメソッドの中には、マイグレーションを進める目的と取り消す目的の両方でそのまま使えるものがあります。これまで登場した create_table、add_index、add_foreign_key、add_column などのメソッドがこのグループに属します。これらのメソッドだけを

52

用いたマイグレーションを行う場合は、change メソッドの中にマイグレーションを進める処理を定義するだけで、マイグレーションのロールバックも可能になります。

　しかし、今回使用する execute メソッドはそうではありません。そのため、up メソッドと down メソッドを定義する必要があるのです。

　execute メソッドは引数に指定した文字列を SQL 文として実行します。今回のマイグレーションスクリプトで言えば %q{ と } で囲まれた範囲が SQL 文です（2 カ所）。

1 番目の SQL 文をご覧ください。

```
UPDATE customers SET birth_year = EXTRACT(YEAR FROM birthday),
  birth_month = EXTRACT(MONTH FROM birthday),
  birth_mday = EXTRACT(DAY FROM birthday)
  WHERE birthday IS NOT NULL
```

　SQL の文法を解説することは本書の範囲を超えますが、簡単に説明しておきましょう。

　customers テーブルを更新する SQL 文です。EXTRACT は日付から要素を取得する関数で、EXTRACT(YEAR FROM birthday) と書けば、birthday カラムの値から年要素を取得できます。EXTRACT 関数で birthday カラムの年要素、月要素、日要素を取得し、それを birth_year カラム、birth_mday カラム、birth_mday カラムの値としてセットしています。WHERE 以下には更新処理をする範囲を限定するための条件が書かれています。birthday カラムが NULL でないレコードが更新処理の対象となります。

　次に、2 番目の SQL 文をご覧ください。

```
UPDATE customers SET birth_year = NULL,
  birth_month = NULL,
  birth_mday = NULL
```

　こちらは WHERE による条件指定はありません。customers テーブルのすべてのレコードについて、birth_year カラム、birth_mday カラム、birth_mday カラムの値に NULL をセットしています。

 Column　マイグレーションで SQL を用いる理由

　読者の中には、顧客の生年月日を更新するマイグレーションファイルの中で、以下のように ActiveRecord を用いて処理をすればよいのではないかと感じた方もいるかもしれません。

```
def up
  Customer.where.not(birthday: nil).each do |customer|
    birthday = customer.birthday
    customer.update_columns(
```

Chapter 3　検索フォーム

```
      birth_year: birthday.year,
      birth_month: birthday.month,
      birth_mday: birthday.day
    )
  end
end
```

　現状の Baukis2 のソースコードであれば問題ありませんが、将来的に機能を拡張する中で仮に
Customer モデルの名称が変更されたり、モデル自体が存在しなくなった場合を考えてください。

　その状態でマイグレーションを初めから実行し直すと、上記の up メソッドを実行しようとしたタ
イミングで Customer モデルが存在しないので、エラーが発生してマイグレーションが途中で失敗し
てしまいます。

　このように、データベースに既に存在するレコードの値を更新する処理をマイグレーションの中
で実行する際は、Rails 側で定義したモデルに依存せずに SQL を用いるべきです。

マイグレーションを実行してください。

```
$ bin/rails db:migrate
```

通常はこれで作業完了ですが、今回はロールバック用のメソッド down を自作しましたので、念のた
めロールバックがうまく行くことも確認しましょう。次のコマンドを実行してください。

```
$ bin/rails db:rollback
```

bin/rails db:rollback は、最後に実行されたマイグレーションスクリプトの効果を取り消します。
ロールバックが成功すると次のような結果がターミナルに表示されます。

```
== 20190101000008 UpdateCustomers1: reverting ================================
-- execute("\n        UPDATE customers SET birth_year = NULL,\n           birth_month =
NULL,\n         birth_mday = NULL\n     ")
   -> 0.0029s
== 20190101000008 UpdateCustomers1: reverted (0.0029s) ========================
```

もしロールバックで失敗した場合、up メソッドと down メソッドを両方ともに調べて原因を探って
ください。スペルミスなどがあれば修正した上で、マイグレーションを先頭からやり直し、シードデー
タを投入します。

```
$ bin/rails db:migrate:reset
$ bin/rails db:seed
```

54

> 実行済みのマイグレーションスクリプトに誤りを発見した場合には db:migrate:reset タスクでマイグレーション全体をやり直すことをお勧めします。db:reset タスクは、前回行ったマイグレーションによってできたデータベース構造を復元するので、うまく行かない場合があります。

その上で、改めてロールバックを行い、動作確認をしてください。

```
$ bin/rails db:rollback
```

ロールバックに成功したら、最後にもう一度マイグレーションを実行してから次に進んでください。

```
$ bin/rails db:migrate
```

Column　マイグレーションのロールバック

マイグレーションのロールバックはそれほど頻繁に使用する機能ではありません。しかし、実運用環境でマイグレーションを実施したことによって何か不具合が発生した場合には、大至急データベースを元に戻さなければなりませんので、開発環境においてロールバックが正常に機能することを確認しておくことはとても大切です。

なお、マイグレーションの中には、効果を取り消せない種類のものもあります。例えば、テーブルやカラムを削除するようなマイグレーションです。その場合は、マイグレーションスクリプトの down メソッドに

raise ActiveRecord::IrreversibleMigration

とだけ書いて、例外 ActiveRecord::IrreversibleMigration を発生させるようにしてください。

3-1-4　検索フォームの表示

■ フォームオブジェクトの作成

データベーススキーマの見直しが終わりましたので、検索フォームの表示機能に着手します。まず、フォームオブジェクト Staff::CustomerSearchForm を作成します。

Chapter 3 検索フォーム

リスト 3-5   app/forms/staff/customer_search_form.rb (New)

```
1    class Staff::CustomerSearchForm
2      include ActiveModel::Model
3
4      attr_accessor :family_name_kana, :given_name_kana,
5        :birth_year, :birth_month, :birth_mday,
6        :address_type, :prefecture, :city, :phone_number
7    end
```

　例によって ActiveModel::Model をインクルードし、検索フォームの各フィールドに対応する属性
を定義しています。

■ index アクションの修正

　次に staff/customers#index アクションを書き換えます。

リスト 3-6   app/controllers/staff/customers_controller.rb

```
1    class Staff::CustomersController < Staff::Base
2      def index
3 +      @search_form = Staff::CustomerSearchForm.new
4        @customers = Customer.order(:family_name_kana, :given_name_kana)
5          .page(params[:page])
6      end
:
```

　フォームオブジェクトを作ってインスタンス変数 @search_form にセットしています。

■ 検索フォーム用の部分テンプレートの作成

　検索フォームのための部分テンプレート _search_form.html.erb を作成します。

リスト 3-7   app/views/staff/customers/_search_form.html.erb (New)

```
1    <%= form_with model: @search_form, scope: "search", url: :staff_customers,
2      html: { method: :get, class: "search" } do |f|%>
3      <%= markup do |m|
4      p = FormPresenter.new(f, self)
5      m << p.text_field_block(:family_name_kana, "フリガナ（姓）:")
6      m << p.text_field_block(:given_name_kana, "フリガナ（名）:")
```

56

● 3-1 顧客検索フォーム

```
 7        m.br
 8        m << p.drop_down_list_block(:birth_year, "誕生年:",
 9          (1900..Time.current.year).to_a.reverse)
10        m << p.drop_down_list_block(:birth_month, "誕生月:", 1..12)
11        m << p.drop_down_list_block(:birth_mday, "誕生日:", 1..31)
12        m.br
13        m.div do
14          m << p.drop_down_list_block(:address_type, "住所の検索範囲:",
15            [ [ "自宅住所のみ", "home" ], [ "勤務先のみ", "work" ] ])
16        end
17        m << p.drop_down_list_block(:prefecture, "都道府県:",
18          Address::PREFECTURE_NAMES)
19        m << p.text_field_block(:city, "市区町村:")
20        m.br
21        m << p.text_field_block(:phone_number, "電話番号:")
22        m << f.submit("検索")
23      end %>
24  <% end %>
```

1〜2行をご覧ください。

```
<%= form_with model: @search_form, scope: "search", url: :staff_customers,
    html: { method: :get, class: "search" } do |f| %>
```

html オプションのサブオプション method にシンボル :get が指定されています。フォームデータを(デフォルトの POST メソッドではなく)GET メソッドで送信せよ、という意味です。staff/customers#index アクションは GET メソッドによるアクセスを受け付けるのでこのようにしています。また、html オプションのサブオプション class に "search" という文字列が指定されています。こちらは、生成される form 要素の class 属性に "search" を指定せよ、という意味になります。

8〜9行をご覧ください。

```
m << p.drop_down_list_block(:birth_year, "誕生年:",
  (1900..Time.current.year).to_a.reverse)
```

1900..Time.current.year で、1900 から今年の西暦年までの Range オブジェクトが作られます。これを to_a メソッドで配列に変換し、reverse メソッドで要素の順序を逆にしています。

13〜16行をご覧ください。

```
m.div do
  m << p.drop_down_list_block(:address_type, "住所の検索範囲:",
```

57

Chapter 3 検索フォーム

```
        [ [ "自宅住所のみ", "home" ], [ "勤務先のみ", "work" ] ])
      end
```

　「住所の検索範囲」を指定するためのドロップダウンリストを生成しています。選択肢のデータには二重に入れ子になった配列を指定しています。内側の配列 1 個が 1 つの選択肢に対応していて、1番目の要素が表示用の文字列、2 番目の要素がデータ送信用の値となります。

■ ERB テンプレートの本体の修正

　staff/customers#index アクションの ERB テンプレート本体に部分テンプレートを埋め込みます。

リスト 3-8　app/views/staff/customers/index.html.erb

```
 :
 4    <div class="table-wrapper">
 5      <div class="links">
 6        <%= link_to "新規登録", :new_staff_customer %>
 7      </div>
 8 +
 9 +    <%= render "search_form" %>
10
11      <%= paginate @customers %>
 :
```

■ スタイルシートの作成

　最後にスタイルシートで検索フォームのビジュアルデザインを整えます。

リスト 3-9　app/assets/stylesheets/staff/search.scss (New)

```
 1    @import "colors";
 2    @import "dimensions";
 3
 4    form.search {
 5      padding: $wide;
 6      border: solid $dark_gray 1px;
 7      background-color: $very_light_gray;
 8      div.input-block {
 9        display: inline-block;
10        margin: $moderate $very_wide $moderate 0;
```

58

```
11        label { margin-right: $moderate; }
12    }
13 }
```

ブラウザで職員としてBaukis2にログインし、顧客の一覧ページを開くと図3-2のような画面が表示されます。

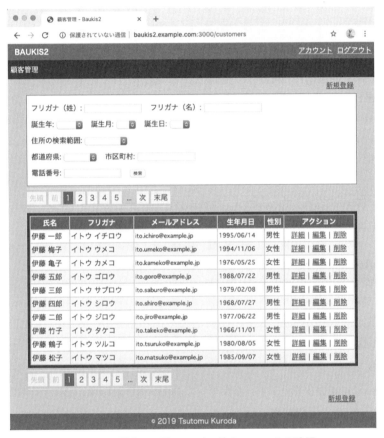

図3-2　顧客の一覧ページに検索フォームを設置

3-2　検索機能の実装

検索フォームから送信されてくるデータを受け取って、該当する顧客を検索して、リスト表示する機能を実装します。

Chapter 3 検索フォーム

3-2-1　index アクションの修正

staff/customers#index アクションを書き換えます。

リスト 3-10　app/controllers/staff/customers_controller.rb

```
 1    class Staff::CustomersController < Staff::Base
 2      def index
 3 -      @search_form = Staff::CustomerSearchForm.new
 3 +      @search_form = Staff::CustomerSearchForm.new(search_params)
 4 -      @customers = Customer.order(:family_name_kana, :given_name_kana)
 5 -        .page(params[:page])
 4 +      @customers = @search_form.search.page(params[:page])
 5      end
 6 +
 7 +    private def search_params
 8 +      params[:search]&.try(:permit( [
 9 +        :family_name_kana, :given_name_kana,
10 +        :birth_year, :birth_month, :birth_mday,
11 +        :address_type, :prefecture, :city, :phone_number
12 +      ])
13 +    end
14
15      def show
16        @customer = Customer.find(params[:id])
17      end
 :
```

リスト 3-7 で form_with メソッドの scope オプションに "search" を指定しましたので、フォーム
から送信されてくるパラメータにはプレフィックス（本編 16-3-4 項「ERB テンプレート本体の作成」
参照）として "search" が付いています。したがって、params[:search] でフォームの各フィールドに
入力された値をハッシュ（正確には、ActionController::Parameters オブジェクト）として取得で
きます。これをフォームオブジェクトに引数として渡すことにより、フォームオブジェクトの各属性
に値を設定できます。

ただし、params[:search] をそのままフォームオブジェクトに渡すと Strong Parameters が働いて例外
ActiveModel::ForbiddenAttributesError が発生します。そこで、プライベートメソッド search_
params を定義して、検索に使用できる属性だけをフィルタリングします。

メソッド search_params の中身の第 1 行をご覧ください。

```
        params[:search]&.permit( [
```

本編で学んだ書き方をそのまま真似すれば、次のようになるはずです。

```
        params.require(:search).permit([
```

しかし、このように書くと、ダッシュボードから顧客管理ページに遷移したときに、例外 ActionController::ParameterMissing が発生します。パラメータに"search"が含まれないからです。そこで、params のキーに"search"が含まれるかどうかのチェックをスキップしています。

　ダッシュボードから顧客管理ページに遷移した場合は、params[:search] は nil を返します。その nil に対して &. 演算子を適用すると nil が返ります。検索フォームから index アクションが呼ばれた場合は、params[:search] は ActionController::Parameters オブジェクトを返します。このオブジェクトに対して &. 演算子を適用すると、permit メソッドが呼び出されます。

　4行目ではフォームオブジェクトの search メソッド（後述）を呼び出して、顧客リストを取得しています。search メソッドからの戻り値は Relation オブジェクト（本編 13-3-3 項「index アクションの修正」参照）です。そして、これの page メソッドを呼び出してページネーションに対応しています。

> **Column　&. 演算子と try メソッドについて**
>
> 　search_params の中で利用されている &.（ぼっち演算子）は Ruby 2.3 で追加された比較的新しい演算子です。object&.method と書くことで「object が nil の場合は nil を返し、nil でない場合は method を呼び出す」という処理を実行できます。
> 　さて、&. 演算子が登場する以前に上記のような「nil チェックを行うことなく安全にメソッドを呼び出したい」というケースでは、Active Support パッケージ内で定義されている try メソッドが用いられていたため、他の Rails プロジェクトのソースコード上で見かけることがあるかもしれません。
> 　&. 演算子も try メソッドも「レシーバが nil の場合に nil を返す」という点では同様の働きをしますが、レシーバが nil でない場合の挙動は少し異なっているため注意が必要です。
> 　try メソッドは「レシーバがそのメソッドを呼び出せる場合のみ呼び出す」という処理を行うため、例えば、nil でないオブジェクト foo から呼び出すことのできないメソッド bar を呼び出そうとしたときに両者の間で以下のような違いが発生します。
>
> - foo&.bar の場合は、例外 NoMethodError が発生する。
> - foo.try(:bar) の場合は、nil が返る。
>
> 　これは try メソッドが事前に respond_to? メソッドを使用して「そのメソッドを呼び出せるかど

Chapter 3 検索フォーム

うか」をチェックしていることによる違いです。このように、必ずしも &. 演算子は try メソッドの
代わりとはならないので注意が必要です。

3-2-2 フォームオブジェクトの修正（1）

検索フォームには多くの検索項目がありますので、最終的なフォームオブジェクトの修正箇所はか
なりの量になります。説明をしやすくするため、2つの工程に分けてフォームオブジェクトを修正し
ます。第1工程では、「フリガナ（姓）」「フリガナ（名）」「誕生年」「誕生月」「誕生日」の5項目によ
る検索ができるようにコードの実装を行います。

■ 検索条件の設定

Staff::CustomerSearchForm のソースコードを次のように修正します。

リスト 3-11　app/forms/staff/customer_search_form.rb

```
 1    class Staff::CustomerSearchForm
 2      include ActiveModel::Model
 3
 4      attr_accessor :family_name_kana, :given_name_kana,
 5        :birth_year, :birth_month, :birth_mday,
 6        :address_type, :prefecture, :city, :phone_number
 7  +
 8  +   def search
 9  +     rel = Customer
10  +
11  +     if family_name_kana.present?
12  +       rel = rel.where(family_name_kana: family_name_kana)
13  +     end
14  +
15  +     if given_name_kana.present?
16  +       rel = rel.where(given_name_kana: given_name_kana)
17  +     end
18  +
19  +     rel = rel.where(birth_year: birth_year) if birth_year.present?
20  +     rel = rel.where(birth_month: birth_month) if birth_month.present?
21  +     rel = rel.where(birth_mday: birth_mday) if birth_mday.present?
22  +
23  +     rel.order(:family_name_kana, :given_name_kana)
```

62

● 3-2 検索機能の実装

```
24 +    end
25   end
```

9～13行をご覧ください。

```
rel = Customer

if family_name_kana.present?
  rel = rel.where(family_name_kana: family_name_kana)
end
```

ここの処理内容を理解するために、まず「ヤマダ」という「フリガナ（姓）」を持つ顧客を検索するにはどういうコードを書けばよいかを考えてください。答えは

```
Customer.where(family_name_kana: "ヤマダ")
```

です。これは次のように書き換えられます。

```
rel = Customer
rel.where(family_name_kana: "ヤマダ")
```

さらに「ヤマダ」という文字列を family_name_kana で置き換え、family_name_kana に中身があるかどうかを確認する条件式を加えれば、9～13行の処理と同じになります。

ローカル変数 rel には Relation オブジェクトがセットされています。Relation オブジェクトの where メソッドは、別の Relation オブジェクトを返します。15～21行では、この性質を生かして、さまざまな検索条件を次々と Relation オブジェクトに追加しています。

最後に、23行目でソート順を指定します。

```
rel.order(:family_name_kana, :given_name_kana)
```

Relation オブジェクトの order メソッドの戻り値も、別の Relation オブジェクトです。結局、search メソッド全体の処理内容をひと言で表現すれば、さまざまな検索条件を Relation オブジェクトに溜めて返す、ということになります。

■ **動作確認**

では、動作確認をしましょう。ブラウザで顧客一覧ページを開き、検索フォームの「フリガナ（名）」に「ジロウ」と入力して「検索」ボタンをクリックすると、**図3-3**のような画面になります。

63

Chapter 3 検索フォーム

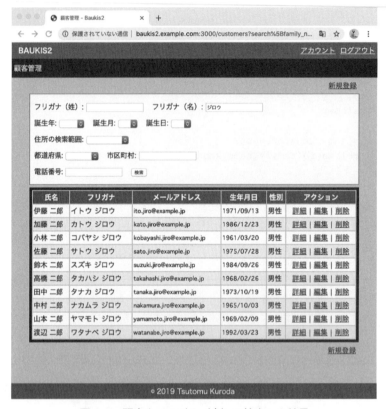

図 3-3　顧客をフリガナ（名）で検索した結果

3-2-3　フォームオブジェクトの修正（2）

では、フォームオブジェクト修正の第 2 工程です。都道府県、市区町村、電話番号による検索に対応します。`Staff::CustomerSearchForm` クラスのソースコードを次のように書き直してください。

リスト 3-12　app/forms/staff/customer_search_form.rb

```
21         rel = rel.where(birth_mday: birth_mday) if birth_mday.present?
22 +
23 +       if prefecture.present? || city.present?
24 +         case address_type
25 +         when "home"
26 +           rel = rel.joins(:home_address)
27 +         when "work"
28 +           rel = rel.joins(:work_address)
```

```
29 +        when ""
30 +          rel = rel.joins(:addresses)
31 +        else
32 +          raise
33 +        end
34 +
35 +        if prefecture.present?
36 +          rel = rel.where("addresses.prefecture" => prefecture)
37 +        end
38 +
39 +        rel = rel.where("addresses.city" => city) if city.present?
40 +      end
41 +
42 +      if phone_number.present?
43 +        rel = rel.joins(:phones).where("phones.number_for_index" => phone_number)
44 +      end
45 +
46 +      rel = rel.distinct
47
48        rel.order(:family_name_kana, :given_name_kana)
49      end
50    end
```

24～33 行をご覧ください。

```
case address_type
when "home"
  rel = rel.joins(:home_address)
when "work"
  rel = rel.joins(:work_address)
when ""
  rel = rel.joins(:addresses)
else
  raise
end
```

address_type 属性には、空文字または"home"または"work"という文字列がセットされており、その値によって処理を切り替えています。

Relation オブジェクトの joins メソッドは、レコードの検索において**テーブル結合**を行うためのメソッドです。簡単に言えば、他のテーブルのカラムの値に基づいてレコードを絞り込む、ということです。joins メソッドの引数には、モデルのクラスメソッド has_many や has_one で定義された関連付けの名前を使用します。joins メソッドも where メソッドや order メソッド同様に Relation オブ

Chapter 3 検索フォーム

ジェクトを返します。

> Customer モデルにはすでに :home_address と :work_address という関連付けが定義されています。未
> 定義の関連付け :addresses については、このすぐ後で定義します。

続いて、35〜37 行をご覧ください。

```
if prefecture.present?
  rel = rel.where("addresses.prefecture" => prefecture)
end
```

addresses テーブルのカラム prerecture を対象とする検索条件を追加しています。カラム名にドット（.）が含まれる場合、ドットの左側がテーブル名、右側がカラム名として解釈されます。このように他のテーブルのカラムを対象とする検索を行うためには、joins メソッドでテーブル結合を行わなければなりません。

> ここで、私たちが単一テーブル継承を採用した効果が現れています。自宅住所と勤務先を同じ addreses
> テーブルに記録することにしたため、このように単純な条件による検索が可能になりました。

39 行目でも同様に addresses テーブルの city カラムを対象とする検索条件を追加しています。

```
rel = rel.where("addresses.city" => city) if city.present?
```

42〜44 行では、電話番号を対象とする検索条件を追加しています。

```
if phone_number.present?
  rel = rel.joins(:phones).where("phones.number_for_index" => phone_number)
end
```

joins メソッドと where メソッドをつなげて書いていますが、考え方は 23〜40 行で行っていることと同じです。フォームの電話番号フィールドに値が記入されていれば、phones テーブルを結合したうえで、phones テーブルの number_for_index カラムに基づいて顧客を絞り込みます。

46 行目では検索結果から重複を取り除くため distinct メソッドを用いています。

```
rel = rel.distinct
```

この記述がないと、例えば、電話番号下 4 桁に「0000」を指定して検索した場合に「佐藤 一郎」という顧客が 2 件表示されてしまいます。なぜなら、この顧客は個人電話番号と自宅電話番号の下 4 桁がともに「0000」であるからです。なお、distinct メソッドの代わりに、別名の uniq メソッドを用い

66

● 3-2 検索機能の実装

ることもできます。

■ Customer モデルの修正

Staff::CustomerSearchForm#search メソッドの中で、Customer モデルの未定義の関連付け addresses を使用しましたので、これを定義しましょう。

リスト 3-13　app/models/customer.rb

```
1    class Customer < ApplicationRecord
2      include EmailHolder
3      include PersonalNameHolder
4      include PasswordHolder
5
6 +    has_many :addresses
7      has_one :home_address, dependent: :destroy, autosave: true
8      has_one :work_address, dependent: :destroy, autosave: true
:
```

この関連付けは検索でしか使いませんので autosave オプションを指定する必要はありません。
基本的にはこれでいいのですが、次のようにソースコードの簡略化が可能です。

リスト 3-14　app/models/customer.rb

```
1    class Customer < ApplicationRecord
2      include EmailHolder
3      include PersonalNameHolder
4      include PasswordHolder
5
6 -    has_many :addresses
6 +    has_many :addresses, dependent: :destroy
7 -    has_one :home_address, dependent: :destroy, autosave: true
7 +    has_one :home_address, autosave: true
8 -    has_one :work_address, dependent: :destroy, autosave: true
8 +    has_one :work_address, autosave: true
9      has_many :phones, dependent: :destroy
10     has_many :personal_phones, -> { where(address_id: nil).order(:id) },
11       class_name: "Phone", autosave: true
:
```

修正前のコードでは Customer オブジェクトが削除される際に、関連付けられた HomeAddress オブジェクトと WorkAddress オブジェクトをそれぞれ削除していますが、修正後のコードでは 2 つのオブ

67

Chapter 3 検索フォーム

ジェクトを一挙に削除します。ソースコードの簡略化に加え、処理回数が減るというボーナスもあります。

■ 動作確認

では、動作確認をしましょう。ブラウザで顧客一覧ページを開き、検索フォームの誕生月から「1」を選んで「検索」ボタンをクリックすると、図 3-4 のような画面になります。

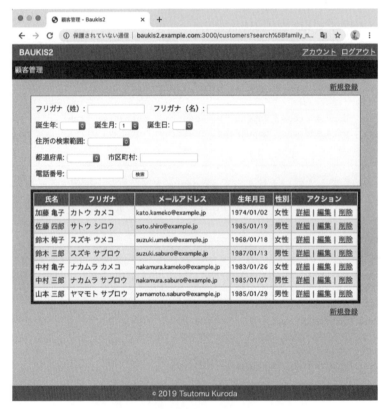

図 3-4　顧客を誕生月で検索した結果

ただし、シードデータの顧客生年月日はランダムに選ばれているので、表示される件数はこれとは異なるかもしれません。もし 1 件も表示されない場合は、その他の誕生月を選んで検索をしてみてください。

また、検索フォームの他のフィールドにも適宜値を入力して、想定されるような検索結果となるかどうかを確かめてください。

● 3-2 検索機能の実装

3-2-4 検索文字列の正規化

ここまでで検索機能はおおむね完成です。最後にユーザービリティ向上のために、検索文字列を正規化する機能を追加しましょう。例えば、検索フォームの「フリガナ（姓）」の入力欄にひらがなや半角のカタカナが入力された場合、全角のカタカナに変換されたうえでデータベースの検索にかかるようにします。

フォームオブジェクトのソースコードを次のように書き換えてください。

リスト 3-15　app/forms/staff/customer_search_form.rb

```
 1    class Staff::CustomerSearchForm
 2      include ActiveModel::Model
 3 +    include StringNormalizer
 4
 5      attr_accessor :family_name_kana, :given_name_kana,
 6        :birth_year, :birth_month, :birth_mday,
 7        :address_type, :prefecture, :city, :phone_number
 8
 9      def search
10 +      normalize_values
11 +
12        rel = Customer
 :
51        rel.order(:family_name_kana, :given_name_kana).page(page)
52      end
53 +
54 +    private def normalize_values
55 +      self.family_name_kana = normalize_as_furigana(family_name_kana)
56 +      self.given_name_kana = normalize_as_furigana(given_name_kana)
57 +      self.city = normalize_as_name(city)
58 +      self.phone_number = normalize_as_phone_number(phone_number)
59 +        .try(:gsub, /\D/, "")
60 +    end
61    end
```

3行目で StringNormalizer モジュールをインクルードします。54～60行でプライベートメソッド normalize_values を定義し、10行目でそれを呼び出しています。

電話番号に関しては、全角英数字を半角に変換した後で、数字以外の文字（正規表現は \D）をすべて除去するという処理をしています。

ブラウザで検索フォームを開き、「フリガナ（名）」にひらがなで「じろう」と入力したり、電話番

69

Chapter 3 検索フォーム

号の途中にマイナス記号を追加したりして、検索機能を試してみてください。

3-3　演習問題

問題 1

性別で顧客を検索する機能を Baukis2 に加えるため、以下の各作業を行ってください。

1. customers テーブルの gender カラムと family_name_kana カラムと given_name_kana カラムの組に複合インデックスを設定するマイグレーションスクリプト（alter_customers2）を作成し、マイグレーションを実行する。なお、インデックス名には "index_customers_on_gender_and_furigana" を用いること。
2. Staff::CustomerSearchForm クラスに gender 属性を追加する。
3. 顧客の検索フォームに「性別」ラベルと、「男性」、「女性」という選択肢を持つドロップダウンリストを設置する。なお、設置場所は「誕生日」のドロップダウンリストの右側とする。
4. 性別で顧客を検索できるように Staff::CustomerSearchForm クラスの search メソッドを書き換える。
5. search パラメータに含まれるキー gender が許可されるように、staff/customers コントローラのプライベートメソッド search_params を書き換える。

問題 2

郵便番号で顧客を検索する機能を Baukis2 に加えるため、以下の各作業を行ってください。

1. addresses テーブルの postal_code カラムにインデックスを設定するマイグレーションスクリプト（alter_addresses2）を作成し、マイグレーションを実行する。なお、他のカラムとの複合インデックスは設定しなくてよい。
2. Staff::CustomerSearchForm クラスに postal_code 属性を追加する。
3. 顧客の検索フォームに「郵便番号」フィールドを設置する。なお、設置場所は「電話番号」フィールドの左側とし、フィールドの size 属性は 7 とすること。
4. 郵便番号で顧客を検索できるように Staff::CustomerSearchForm クラスの search メソッドを書き換える。ただし、郵便番号の検索範囲は、都道府県や市区町村と同様に address_type パラメータの値によって切り替えること。また、検索実行前に検索文字列の正規化を行うこと。

70

● 3-3 演習問題

問題3

phones テーブルに対して電話番号下4桁のためのインデックスを設定するマイグレーションスクリプト（alter_phones1）を作成し、マイグレーションを実行してください。

【ヒント】 PostgreSQL の関数を用いてインデックスを設定する例は、db/migrate ディレクトリにある 20190101000000_create_staff_members.rb の中にあります。PostgreSQL で文字列カラム x の末尾から4文字を得るには RIGHT(x, 4) と書きます。

問題4

以下の各作業を行い、電話番号下4桁で顧客を検索する機能を実装してください。

1. Staff::CustomerSearchForm クラスに last_four_digits_of_phone_number 属性を追加する。
2. 顧客の検索フォームに「電話番号下4桁」フィールドを設置する。なお、設置場所は「電話番号」フィールドの右側とし、フィールドの size 属性は4とすること。
3. 「電話番号下4桁」で顧客を検索できるように、Staff::CustomerSearchForm クラスの search メソッドを書き換える。また、検索実行前に検索文字列の正規化を行うこと。
4. search パラメータに含まれるキー last_four_digits_of_phone_number が許可されるように、staff/customers コントローラのプライベートメソッド search_params を書き換える。

各章末の演習問題は次章以降の展開に影響を与えます。つまり、演習問題で指示された通りに Baukis2 を修正したという前提で次の章の説明が始まります。必ず演習問題を解いてから次に進んでください。なお、演習問題の解答は巻末付録に掲載されています。

Chapter 4
次回から自動でログイン

Chapter 4 では、顧客のログイン・ログアウト機能を作ります。基本的には職員や管理者のログイン・ログアウト機能と同等ですが、1 つだけ違いがあります。それはログインフォームに「次回から自動でログイン」というチェックボックスがあることです。

4-1　顧客のログイン・ログアウト機能

ユーザー認証の仕組みは、本編 Chapter 7 と Chapter 8 で職員と管理者のログイン・ログアウト機能を作る際に詳しく解説しました。本節では管理者のログイン・ログアウト機能をほぼ真似する形で、顧客のログイン・ログアウト機能を実装します。コードの説明は原則として省略します。

4-1-1　ルーティング

config/routes.rb を次のように書き換えます。

リスト 4-1　config/routes.rb

```
27    constraints host: config[:customer][:host] do
```

● 4-1 顧客のログイン・ログアウト機能

```
28        namespace :customer, path: config[:customer][:path] do
29          root "top#index"
30 +        get "login" => "sessions#new", as: :login
31 +        resource :session, only: [ :create, :destroy ]
32        end
33      end
34    end
```

4-1-2　コントローラ

app/controllers/customer ディレクトリに、新規ファイル base.rb を次のような内容で作成します。

リスト 4-2　app/controllers/customer/base.rb (New)

```
1    class Customer::Base < ApplicationController
2      before_action :authorize
3
4      private def current_customer
5        if session[:customer_id]
6          @current_customer ||=
7            Customer.find_by(id: session[:customer_id])
8        end
9      end
10
11      helper_method :current_customer
12
13      private def authorize
14        unless current_customer
15          flash.alert = "ログインしてください。"
16          redirect_to :customer_login
17        end
18      end
19    end
```

customer/sessions コントローラのソースコードを生成します。

```
$ bin/rails g controller customer/sessions
```

生成されたソースコードを次のように書き直します。

Chapter 4 次回から自動でログイン

リスト 4-3　app/controllers/customer/sessions_controller.rb

```
 1 -  class Customer::SessionsController < ApplicationController
 1 +  class Customer::SessionsController < Customer::Base
 2 +    skip_before_action :authorize
 3 +
 4 +    def new
 5 +      if current_customer
 6 +        redirect_to :customer_root
 7 +      else
 8 +        @form = Customer::LoginForm.new
 9 +        render action: "new"
10 +      end
11 +    end
12 +
13 +    def create
14 +      @form = Customer::LoginForm.new(login_form_params)
15 +      if @form.email.present?
16 +        customer =
17 +          Customer.find_by("LOWER(email) = ?", @form.email.downcase)
18 +      end
19 +      if Customer::Authenticator.new(customer).authenticate(@form.password)
20 +        session[:customer_id] = customer.id
21 +        flash.notice = "ログインしました。"
22 +        redirect_to :customer_root
23 +      else
24 +        flash.now.alert = "メールアドレスまたはパスワードが正しくありません。"
25 +        render action: "new"
26 +      end
27 +    end
28 +
29 +    private def login_form_params
30 +      params.require(:customer_login_form).permit(:email, :password)
31 +    end
32 +
33 +    def destroy
34 +      session.delete(:customer_id)
35 +      flash.notice = "ログアウトしました。"
36 +      redirect_to :customer_root
37 +    end
38    end
```

customer/top コントローラのソースコードを次のように書き直します。

74

● 4-1 顧客のログイン・ログアウト機能

リスト 4-4　app/controllers/customer/top_controller.rb

```
1 -  class Customer::TopController < ApplicationController
1 +  class Customer::TopController < Customer::Base
2 +    skip_before_action :authorize
3 +
4      def index
5        render action: "index"
6      end
7    end
```

4-1-3　ビュー

■ ログインフォームの ERB テンプレート

　管理者用ログインフォームの ERB テンプレートを、app/views/customer/sessions ディレクトリにコピーします。

```
$ cp app/views/admin/sessions/new.html.erb app/views/customer/sessions
```

　そして、コピーされてできた ERB テンプレートを次のように書き換えます。

リスト 4-5　app/views/customer/sessions/new.html.erb

```
 1   <% @title = "ログイン" %>
 2
 3   <div id="login-form">
 4     <h1><%= @title %></h1>
 5
 6 -    <%= form_with model: @form, url: :admin_session do |f|%>
 6 +    <%= form_with model: @form, url: :customer_session do |f|%>
 7       <div>
 8         <%= f.label :email, "メールアドレス" %>
 9         <%= f.text_field :email %>
10       </div>
11       <div>
12         <%= f.label :password, "パスワード" %>
13         <%= f.password_field :password %>
14       </div>
15       <div>
```

75

Chapter 4　次回から自動でログイン

```
16          <%= f.submit "ログイン" %>
17        </div>
18      <% end %>
19    </div>
```

6 行目の url オプションの値を :admin_session から :customer_session に書き換えています。

■ ヘッダの部分テンプレート

管理者ページのヘッダの部分テンプレートを、app/views/customer/shared ディレクトリに上書き
コピーします。

```
$ cp -f app/views/admin/shared/_header.html.erb app/views/customer/shared
```

そして、顧客ページの部分テンプレートを次のように書き換えます。

リスト 4-6　app/views/customer/shared/_header.html.erb

```
1    <header>
2 -    <%= link_to "BAUKIS2", :admin_root, class: "logo-mark" %>
2 +    <%= link_to "BAUKIS2", :customer_root, class: "logo-mark" %>
3      <%= content_tag(:span, flash.notice, class: "notice") if flash.notice %>
4      <%= content_tag(:span, flash.alert, class: "alert") if flash.alert %>
5      <%=
6 -      if current_administrator
6 +      if current_customer
7 -        link_to "ログアウト", :admin_session, method: :delete
7 +        link_to "ログアウト", :customer_session, method: :delete
8        else
9 -        link_to "ログイン", :admin_login
9 +        link_to "ログイン", :customer_login
10       end
11     %>
12   </header>
```

■ フォームオブジェクト

app/forms/customer ディレクトリを作成し、そこに管理者ログインフォームのためのフォームオ
ブジェクトをコピーします。

76

● 4-1 顧客のログイン・ログアウト機能

```
$ mkdir -p app/forms/customer
$ cp app/forms/admin/login_form.rb app/forms/customer
```

そして、コピーされてできたフォームオブジェクトを次のように書き換えます。

リスト 4-7　app/forms/customer/login_form.rb

```
1 -  class Admin::LoginForm
1 +  class Customer::LoginForm
2      include ActiveModel::Model
3
4      attr_accessor :email, :password
5    end
```

■ スタイルシート

名前空間 admin のスタイルシートのうち必要なものを app/assets/stylesheets/customer ディレクトリにコピーします。

```
$ cp app/assets/stylesheets/admin/flash.scss app/assets/stylesheets/customer
$ cp app/assets/stylesheets/admin/sessions.scss app/assets/stylesheets/customer
```

sessions.scss に含まれる "magenta" をすべて "yellow" で置き換えてください。

リスト 4-8　app/assets/stylesheets/customer/sessions.scss

```
 :
11 -      border: solid 4px $dark_magenta;
11 +      border: solid 4px $dark_yellow;
12        background-color: $very_light_gray;
13
14        h1 {
15          background-color: transparent;
16 -        color: $very_dark_magenta;
16 +        color: $very_dark_yellow;
 :
```

_colors.scss を次のように書き換えてください。

77

Chapter 4 次回から自動でログイン

リスト 4-9　app/assets/stylesheets/customer/_colors.scss

```
     :
10     $dark_yellow: #888844;
11     $very_dark_yellow: darken($dark_yellow, 25%);
12 +
13 +   /* 赤系 */
14 +   $red: #cc0000;
15 +   $pink: #ffcccc;
16 +
17 +   /* 緑系 */
18 +   $green: #00cc00;
```

layout.scss を次のように書き換えてください。

リスト 4-10　app/assets/stylesheets/customer/layout.scss

```
     :
17     header {
18       padding: $moderate;
19       background-color: $dark_yellow;
20       color: $very_light_gray;
21 -     span.logo-mark {
22 -       font-weight: bold;
23 -     }
21 +     a.logo-mark {
22 +       float: none;
23 +       text-decoration: none;
24 +       font-weight: bold;
25 +     }
26 +     a {
27 +       float: right;
28 +       color: $very_light_gray;
29 +     }
30     }
     :
```

4-1-4　サービスオブジェクト

app/services/customer ディレクトリを作成します。

```
$ mkdir -p app/services/customer
```

78

そして、そこに新規ファイル authenticator.rb を次の内容で作成します。

リスト 4-11　app/services/customer/authenticator.rb (New)

```
 1  class Customer::Authenticator
 2    def initialize(customer)
 3      @customer = customer
 4    end
 5
 6    def authenticate(raw_password)
 7      @customer &&
 8        @customer.hashed_password &&
 9        BCrypt::Password.new(@customer.hashed_password) == raw_password
10    end
11  end
```

4-1-5　動作確認

ブラウザで http://example.com:3000/mypage を開くと、図 4-1 のような画面が表示されます。

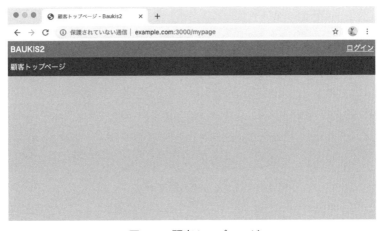

図 4-1　顧客トップページ

そして、右上の「ログイン」リンクをクリックすると、図 4-2 のような画面に切り替わります。

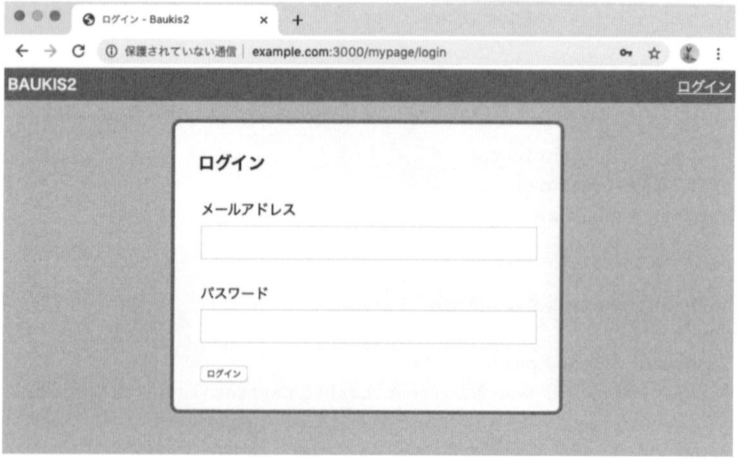

Chapter 4 次回から自動でログイン

図 4-2 顧客ログインフォーム

メールアドレス欄に「sato.ichiro@example.jp」、パスワード欄に「password」と入力して、「ログイン」ボタンをクリックすると図 4-3 のような画面となります。

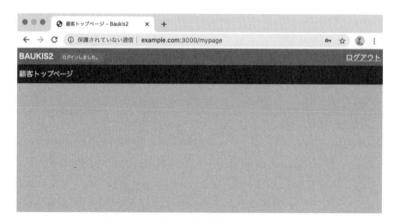

図 4-3 ログイン後の顧客トップページ

その他、以下の点について動作確認を行ってください。

- 「ログアウト」リンクをクリックすると、トップページに戻る。ヘッダ部分には「ログアウトしました。」というメッセージが表示される。

- ログインフォームのメールアドレス欄に存在しないメールアドレスとデタラメなパスワードを入力して「ログイン」ボタンをクリックすると、ヘッダ部分に「メールアドレスまたはパスワードが正しくありません。」というメッセージが表示される。

● 4-2 自動ログイン機能の追加

4-2 自動ログイン機能の追加

顧客のログインフォームに「次回から自動でログインする」というチェックボックスを
追加します。顧客がこのチェックボックスをチェックしてログインすると、ブラウザを
終了しても、同じブラウザで Baukis2 の顧客ページにアクセスすればログイン状態が
継続します。

4-2-1 ビューの修正

■ フォームオブジェクト

まず、フォームオブジェクト Customer::LoginForm のソースコードを次のように書き換えてくだ
さい。

リスト 4-12 app/forms/customer/login_form.rb

```
1   class Customer::LoginForm
2     include ActiveModel::Model
3
4 -   attr_accessor :email, :password
4 +   attr_accessor :email, :password, :remember_me
5 +
6 +   def remember_me?
7 +     remember_me == "1"
8 +   end
9   end
```

4行目で、チェックボックス「次回から自動でログインする」に対応する remember_me 属性を追加
しています。また、6-8 行でこのチェックボックスの状態を true または false で返す remember_me?
メソッドを定義しています。

81

Chapter 4 次回から自動でログイン

■ ERB テンプレート

続いて、顧客のログインフォームにチェックボックスを追加します。

リスト 4-13　app/views/customer/sessions/new.html.erb

```
 :
11        <div>
12          <%= f.label :password, "パスワード" %>
13          <%= f.password_field :password %>
14        </div>
15 +      <div>
16 +        <%= f.check_box :remember_me %>
17 +        <%= f.label :remember_me, "次回から自動でログインする" %>
18 +      </div>
19        <div>
20          <%= f.submit "ログイン" %>
21        </div>
22      <% end %>
23    </div>
```

■ スタイルシート

最後に、スタイルシートを修正してビジュアルデザインを整えます。

リスト 4-14　app/assets/stylesheets/customer/sessions.scss

```
 :
32              input[type="submit"] {
33                padding: $wide $wide * 2;
34              }
35 +            input[type="checkbox"]+label { display: inline-block; }
36            }
 :
```

この結果、顧客のログインフォームの表示は図 4-4 のように変化します。

● 4-2 自動ログイン機能の追加

図 4-4　顧客ログインフォームにチェックボックスを追加

4-2-2　コントローラの修正

■ create アクションの修正

　自動ログイン機能を実装します。customer/sessions コントローラの create アクションを次のように書き直してください。

リスト 4-15　app/controllers/customer/sessions_controller.rb

```
13      def create
14        @form = Customer::LoginForm.new(login_form_params)
15        if @form.email.present?
16          customer =
17            Customer.find_by("LOWER(email) = ?", @form.email.downcase)
18        end
19        if Customer::Authenticator.new(customer).authenticate(@form.password)
20  -       session[:customer_id] = customer.id
20  +       if @form.remember_me?
21  +         cookies.permanent.signed[:customer_id] = customer.id
22  +       else
23  +         cookies.delete(:customer_id)
24  +         session[:customer_id] = customer.id
```

83

Chapter 4 次回から自動でログイン

```
25 +      end
26        flash.notice = "ログインしました。"
27        redirect_to :customer_root
28      else
29        flash.now.alert = "メールアドレスまたはパスワードが正しくありません。"
30        render action: "new"
31      end
32    end
33
34    private def login_form_params
35 -    params.require(:customer_login_form).permit(:email, :password)
35 +    params.require(:customer_login_form).permit(:email, :password, :remember_me)
36    end
 :
```

20-25 行をご覧ください。

```
if @form.remember_me?
  cookies.permanent.signed[:customer_id] = customer.id
else
  cookies.delete(:customer_id)
  session[:customer_id] = customer.id
end
```

この部分は顧客の認証が成功したときに実行されます。顧客がチェックボックス「次回から自動で
ログインする」をチェックしていたかどうかで処理が分岐しています。チェックしていない場合、こ
れまで通り、セッションオブジェクトに顧客の ID が記録されます。しかし、チェックしていた場合、
クッキーに顧客の ID が記録されます。

> セッションオブジェクトとクッキーの関係については、本編 7-3-2 項「current_staff_member メソッド
> の定義」を参照してください。

さて、アクションの中でクッキーに値をセットする場合、普通は次のように書きます。

```
cookies[:customer_id] = customer.id
```

しかし、このようにセットされたクッキーの値は、ブラウザ側で閲覧可能かつ変更可能です。つま
り、customer/sessions コントローラのソースコード 21 行目をこのように書き換えた場合、クッキー
の書き換え方を知っている人であれば誰でも、任意の顧客になりすまして Baukis2 の顧客向けページ
にログインできることになります。

クッキーの値を閲覧不可かつ変更不可にするには、次のように書きます。

84

```
cookies.signed[:customer_id] = customer.id
```

こうすれば、顧客なりすましの問題は解決されます。

ただし、デフォルトではクッキーの情報はブラウザ終了時に消滅してしまいます。永続的に情報を残したい場合は、次のように書いてください。

```
cookies.permanent.signed[:customer_id] = customer.id
```

permanent メソッドを用いると、クッキーの有効期限が 20 年後に設定されます。もし有効期限を 1 週間後に設定したい場合は、次のように書いてください。

```
cookies.signed[:customer_id] = {
  value: customer.id,
  expires: 1.week.from_now
}
```

■ destroy アクションの修正

customer/sessions コントローラの destroy アクションを次のように書き直してください。

リスト 4-16　app/controllers/customer/sessions_controller.rb

```
     :
38     def destroy
39 +     cookies.delete(:customer_id)
40       session.delete(:customer_id)
41       flash.notice = "ログアウトしました。"
42       redirect_to :customer_root
43     end
44   end
```

クッキーに記録した顧客の ID を消去するには、次のように書きます。

```
cookies.delete(:customer_id)
```

23 行目では顧客がチェックボックス「次回から自動でログインする」をチェックせずにログインしたため、クッキーを消しています。39 行目では顧客がログアウトしたため、クッキーを消去しています。

Chapter 4　次回から自動でログイン

■ current_customer メソッドの修正

Customer::Base クラスで定義されている current_customer メソッドを次のように書き換えます。

リスト 4-17　app/controllers/customer/base.rb

```
  :
4      private def current_customer
5 -      if session[:customer_id]
6 -        @current_customer ||=
7 -          Customer.find_by(id: session[:customer_id])
5 +      if customer_id = cookies.signed[:customer_id] || session[:customer_id]
6 +        @current_customer ||= Customer.find_by(id: customer_id)
7        end
8      end
  :
```

　クッキーまたはセッションオブジェクトに記録された顧客 ID を用いて、現在ログインしている顧客に対応する Customer オブジェクトを取得し、インスタンス変数 @current_customer にセットしています。

4-2-3　動作確認

　これで顧客の自動ログイン機能は完成です。ブラウザで顧客のログインフォームを開き、以下の点について動作確認を行ってください。

- チェックボックス「次回から自動でログインする」をチェックした状態で適当な顧客として Baukis2 にログインした後で、（ログアウトせずに）ブラウザを終了し、再び起動したブラウザで Baukis2 の顧客ページを開くとログイン状態が維持されている。
- チェックボックス「次回から自動でログインする」をチェックしていない状態で適当な顧客として Baukis2 にログインした後で、（ログアウトせずに）ブラウザを終了し、再び起動したブラウザで Baukis2 の顧客ページを開くとログアウト状態になっている。

● 4-3 RSpec によるテスト

4-3　RSpec によるテスト

4-3-1　クッキーの値のテスト

RSpec による自動ログイン機能のテストを書きましょう。まずは、クッキーの値が閲覧不可の状態になっているかどうかを確認します。

spec/requests ディレクトリに customer ディレクトリを作成してください。

```
$ mkdir -p spec/requests/customer
```

そして、そのディレクトリに新規ファイル auto_login_spec.rb を次のような内容で作成します。

リスト 4-18　spec/requests/customer/auto_login_spec.rb (New)

```
 1  require "rails_helper"
 2
 3  describe "次回から自動でログインする" do
 4    let(:customer) { create(:customer) }
 5
 6    example "チェックボックスを off にした場合" do
 7      post customer_session_url,
 8        params: {
 9          customer_login_form: {
10            email: customer.email,
11            password: "pw",
12            remember_me: "0"
13          }
14        }
15
16      expect(session).to have_key(:customer_id)
17      expect(response.cookies).not_to have_key("customer_id")
18    end
19
20    example "チェックボックスを on にした場合" do
21      post customer_session_url,
22        params: {
23          customer_login_form: {
24            email: customer.email,
25            password: "pw",
26            remember_me: "1"
27          }
```

87

Chapter 4 次回から自動でログイン

```
28          }
29
30      expect(session).not_to have_key(:customer_id)
31      expect(response.cookies["customer_id"]).to match(/[0-9a-f]{40}¥z/)
32    end
33  end
```

第1のエグザンプルでは「次回から自動でログインする」チェックボックスをチェックせずにログインした場合、顧客の id の値がクッキーではなくセッションオブジェクトにセットされることを確認しています。

17 行目をご覧ください。

```
expect(response.cookies).not_to have_key("customer_id")
```

RSpec のエグザンプル内では response メソッドが ActionDispatch::TestResponse オブジェクトを返します。そして、このオブジェクトの cookies メソッドはクッキーの内容をハッシュとして返します。そのハッシュに "customer_id" というキーを持たなければ、テストが成功します。

have_key は述語マッチャー（predicate matchers）の一種です。have_key マッチャーが使用されると、RSpec はターゲットの has_key? メソッドを呼び出します。その戻り値が真であればテストが成功、偽であればテストが失敗します。

response.cookies が返すハッシュは単なる Hash クラスのインスタンスです。すなわち、キーとしてのシンボルと文字列を同列に扱う HashWithIndifferentAccess クラスのインスタンスではありません。そして、このハッシュのキーはすべて文字列です。そのため、have_key メソッドの引数には :customer_id ではなく "customer_id" のように文字列で指定する必要があります。

第2のエグザンプルでは「次回から自動でログインする」チェックボックスをチェックしてログインした場合、顧客の id の値がセッションオブジェクトではなくクッキーにセットされることを確認しています。

31 行目をご覧ください。

```
expect(response.cookies["customer_id"]).to match(/[0-9a-f]{40}\z/)
```

次に示すのは閲覧不可（signed）のクッキーの値の例です。

```
eyJ(省略)9fQ==--6a0793ad692719e1afd7d81f1e951b137130d1d0
```

末尾に 40 桁の 16 進数を持つことが特徴ですので、そのことを正規表現を用いて調べています。

88

● 4-3 RSpec によるテスト

テストを実行すると、2つのエグザンプルは両方とも成功します。

```
$ rspec spec/requests/customer/auto_login_spec.rb
..

Finished in 1.19 seconds (files took 1.08 seconds to load)
2 examples, 0 failures
```

4-3-2　クッキーの有効期限のテスト

続いて、クッキーの有効期限が正しくセットされているかどうかを確かめます。先ほど作成した spec
ファイルを次のように書き換えてください。

リスト 4-19　spec/requests/customer/auto_login_spec.rb

```
  :
30        expect(session).not_to have_key(:customer_id)
31        expect(response.cookies["customer_id"]).to match(/[0-9a-f]{40}¥z/)
32 +
33 +      cookies = response.request.env["action_dispatch.cookies"]
34 +        .instance_variable_get(:@set_cookies)
35 +
36 +      expect(cookies["customer_id"][:expires]).to be > 19.years.from_now
37     end
38   end
```

33-34 行をご覧ください。

```
      cookies = response.request.env["action_dispatch.cookies"]
        .instance_variable_get(:@set_cookies)
```

クッキーの有効期限を取得するための public なメソッドは用意されていないので、instance_variable_
get メソッドによってインスタンス変数の値を取得しています。この結果、ローカル変数 cookies に
は各クッキーの属性を含むハッシュがセットされます。permanent メソッドで設定されたクッキーの
有効期限は 20 年後です。

36 行目では、クッキーの "customer_id" キーの有効期限を取得し、それが現在から 19 年後以降で
あるかどうかを調べています。

89

```
        expect(cookies["customer_id"][:expires]).to be > 19.years.from_now
```

テストを実行して、すべてのエグザンプルが成功することを確かめてください。

```
$ rspec spec/requests/customer/auto_login_spec.rb
..

Finished in 1.18 seconds (files took 1.1 seconds to load)
2 examples, 0 failures
```

 Column　テストを書くのが難しいケース

　私はクッキーの有効期限を調べるために instance_variable_get メソッドを用いてオブジェクトのインスタンス変数の値を取得しました。しかし、インスタンス変数の名前や用途は予告なく変更される可能性があるので、できればこの種の「ハック」は避けるべきです。

　生のクッキー文字列は HTTP ヘッダの Set-Cookie フィールドに書かれており、その値は response.header["Set-Cookie"] で取得できます。したがって、その値を自分で解析するという方法もありますが、テストのコードはかなり複雑なものになります。

　このように、対象物によってはテストを書くのが難しいケースもあります。今回、私はこのテストコードを書くに当たってネットで情報を検索したり、ActionDispatch::TestResponse オブジェクトの中身を調べたりしました。正直に白状すれば、かなりの時間を要しています。

　実際のところ、ブラウザを用いた目視テストで自動ログイン機能がうまく動いていることは確認されているので、このテストを書くことの意味はそれほど大きくはありません。現実の開発プロジェクトにおいては、テストを書くのに要する時間とテストによって得られる便益が釣り合うかどうかをよく見極めることが大切です。

● 4-3 RSpec によるテスト

Chapter 5
IPアドレスによるアクセス制限

Chapter 5 では、接続元の IP アドレスによってアクセスを制限する機能を Baukis2 に
追加します。本章での開発プロセスを通じて、モデルの複数属性の組み合わせに対して
バリデーションを行う方法、AND と OR で連結された複雑な条件式でデータベース検
索を行う方法、複数のレコードを一括削除する方法などを学びます。

5-1　IP アドレスによるアクセス制限

本節では、IP アドレスによるアクセス制限の機能を Baukis2 に追加します。許可 IP ア
ドレスのリストをデータベースで管理し、接続元 IP アドレスがそのリストにない場合、
アクセスを拒否するようにします。

5-1-1　仕様

　セキュリティ強化のため、許可 IP アドレス以外からのアクセスを制限する機能を Baukis2 に追加し
ます。対象範囲は、職員ページです。管理者ページにおけるアクセス制限機能は章末の演習問題で作
成します。

● 5-1 IP アドレスによるアクセス制限

この機能の主な仕様は以下の通りです。

- アクセス制限機能を用いるかどうかをアプリケーションレベルで設定できる。
- IP バージョン 4 にのみ対応する。
- 許可 IP アドレスをデータベーステーブルで管理する。
- 許可 IP アドレスにはワイルドカード（*）フラグを指定できる。このフラグが On の場合、第 1 オ
  クテットから第 3 オクテットまでが一致する任意の IP アドレスが許可される。

IP バージョン 4 のアドレスは 32 ビットの数値です。この数値をそのまま 10 進数や 16 進数で表記
すると人間には分かりにくいため、通常は 8 ビットずつ 4 つのセクションに分解し、192.168.0.1 の
ような形式で表記します。この表記ではドット（.）がセクション区切りで、各セクションの値は 10 進
数で表されます。このとき、各セクションのことを**オクテット**と呼びます。

5-1-2 準備作業

■ 設定ファイル

まず、アクセス制限機能を利用するかどうかを設定ファイルで選択できるようにしましょう。config/
initializers ディレクトリの baukis2.rb ファイルを次のように書き換えてください。

リスト 5-1 config/initializers/baukis2.rb

```
1  Rails.application.configure do
2    config.baukis2 = {
3      staff: { host: "baukis2.example.com", path: "" },
4      admin: { host: "baukis2.example.com", path: "admin" },
5 -    customer: { host: "example.com", path: "mypage" }
5 +    customer: { host: "example.com", path: "mypage" },
6 +    restrict_ip_addresses: true
7    }
8  end
```

2 行目の config は、Rails::Application::Configuration クラスのインスタンスを返すメソッドで
す。このオブジェクトは Rails 自体あるいはアプリケーションに組み込まれた Gem パッケージの各種設
定を保持しており、アプリケーション固有の設定も追加できます。ここでは baukis2 という項目を追加
し、それにハッシュをセットしています。このハッシュに真偽値を持つキー :restrict_ip_addresses

Chapter 5 IP アドレスによるアクセス制限

を追加しました。この値が true のとき、IP アドレスによるアクセス制限機能を有効にします。

■ 例外処理方法の変更

次に、ApplicationController クラスのソースコードを次のように書き換えます。

リスト 5-2　app/controllers/application_controller.rb

```
   :
 7      include ErrorHandlers if Rails.env.production?
 8 +    rescue_from Forbidden, with: :rescue403
 9 +    rescue_from IpAddressRejected, with: :rescue403
10
11      private def set_layout
12        if params[:controller].match(%r{¥A(staff|admin|customer)/})
13          Regexp.last_match[1]
14        else
15          "customer"
16        end
17      end
18 +
19 +    private def rescue403(e)
20 +      @exception = e
21 +      render "errors/forbidden", status: 403
22 +    end
23    end
```

　ここで追加したコードは本編 6-5 節で ErrorHandlers モジュールに移したのですが、元に戻します。なぜなら、例外 Forbidden や IpAddressRejected は他の例外と異なり、自然に Baukis2 を使用していても発生するもの、つまり機能の一部だからです。なお、元に戻す際に名前空間 ApplicationController:: が不要となる点に注意してください。この結果、development モードや test モードでもこれらの例外が捕捉され、ユーザー向けのエラー画面が表示されるようになります。

　この変更に合わせて ErrorHandlers モジュールのソースコードを次のように変更します。

リスト 5-3　app/controllers/concerns/error_handlers.rb

```
 1    module ErrorHandlers
 2      extend ActiveSupport::Concern
 3
 4      included do
 5        rescue_from Exception, with: :rescue500
```

94

● 5-1 IP アドレスによるアクセス制限

```
 6 -      rescue_from ApplicationController::Forbidden, with: :rescue403
 7 -      rescue_from ApplicationController::IpAddressRejected, with: :rescue403
 6        rescue_from ActiveRecord::RecordNotFound, with: :rescue404
 7        rescue_from ActionController::ParameterMissing, with: :rescue400
 8      end
 9
10      private def rescue400(e)
11        render "errors/bad_request", status: 400
12      end
13 -
14 -    private def rescue403(e)
15 -      @exception = e
16 -      render "errors/forbidden", status: 403
17 -    end
13
14      private def rescue404(e)
 :
```

5-1-3　AllowedSource モデル

■ マイグレーションスクリプト

では、IP アドレス制限機能の実装に入ります。まず、許可 IP アドレスを保存するためのテーブル allowed_sources を作成します。

```
$ bin/rails g model AllowedSource
```

マイグレーションスクリプトを次のように書き換えてください。

リスト 5-4　db/migrate/2019010100012_create_allowed_sources.rb

```
1    class CreateAllowedSources < ActiveRecord::Migration[6.0]
2      def change
3        create_table :allowed_sources do |t|
4 +        t.string :namespace, null: false
5 +        t.integer :octet1, null: false
6 +        t.integer :octet2, null: false
7 +        t.integer :octet3, null: false
8 +        t.integer :octet4, null: false
```

95

Chapter 5 IP アドレスによるアクセス制限

```
 9 +          t.boolean :wildcard, null: false, default: false
10
11            t.timestamps
12        end
13 +
14 +      add_index :allowed_sources,
15 +        [ :namespace, :octet1, :octet2, :octet3, :octet4 ], unique: true,
16 +        name: "index_allowed_sources_on_namespace_and_octets"
17      end
18    end
```

カラム namespace には、"staff" や "admin" のような名前空間の名前が記録されます。また、カラム octet1、octet2、octet3、octet4 には第1オクテットから第4オクテットの値（0〜255）が格納されます。

マイグレーションを実行します。

```
$ bin/rails db:migrate
```

■ バリデーション

AllowedSource モデルにバリデーションコードを追加します。

リスト 5-5   app/models/allowed_source.rb

```
1    class AllowedSource < ApplicationRecord
2 +    validates :octet1, :octet2, :octet3, :octet4, presence: true,
3 +      numericality: { only_integer: true, allow_blank: true },
4 +      inclusion: { in: 0..255, allow_blank: true }
5 +    validates :octet4,
6 +      uniqueness: {
7 +        scope: [ :namespace, :octet1, :octet2, :octet3 ], allow_blank: true
8 +      }
9    end
```

2-4行では属性 octet1、octet2、octet3、octet4 の値が入力必須であることおよび0から255までの整数値であることを確認しています。

inclusion タイプのバリデーションで0から255までの範囲にあることが確認されるので、numericality タイプのバリデーションは不要のように思えますが、必要です。なぜなら、"XYZ" のような文字列がこれらの属性に代入されると、整数0に変換されてしまい、inclusion タイプのバリデーショ

96

ンではエラーにならないからです。numericality タイプのバリデーションは、変換前の値に対して行われるので、正しくエラーと判定されます。

5-8 行では属性 namespace、octet1、octet2、octet3、octet4 の値の組み合わせが一意であることを確認しています。バリデーションの対象属性は octet4 ですが、scope オプションに配列 [:namespace, :octet1, :octet2, :octet3] を指定しているので、5 つの属性の組み合わせに関して uniqueness タイプのバリデーションが実施されます。

■ ip_address=メソッド

次に、AllowedSource オブジェクトを作るときに、IP アドレスを文字列でも指定できるように ip_address= メソッドを作成します。

リスト 5-6　app/models/allowed_source.rb

```
 :
 5      validates :octet4,
 6        uniqueness: {
 7          scope: [ :namespace, :octet1, :octet2, :octet3 ], allow_blank: true
 8        }
 9  +
10  +   def ip_address=(ip_address)
11  +     octets = ip_address.split(".")
12  +     self.octet1 = octets[0]
13  +     self.octet2 = octets[1]
14  +     self.octet3 = octets[2]
15  +
16  +     if octets[3] == "*"
17  +       self.octet4 = 0
18  +       self.wildcard = true
19  +     else
20  +       self.octet4 = octets[3]
21  +     end
22  +   end
23    end
```

与えられた文字列をドット (.) で分割し、各オクテットにセットしています。第 4 オクテットにアスタリスク (*) が指定された場合には、octet4 属性に 0 をセットし、wildcard フラグを On にします。

Chapter 5 IP アドレスによるアクセス制限

■ RSpec によるテスト

AllowedSource#ip_address= メソッドのテストを書きましょう。

リスト 5-7　spec/models/allowed_source_spec.rb

```
 1 -  require 'rails_helper'
 1 +  require "rails_helper"
 2
 3    RSpec.describe AllowedSource, type: :model do
 4 -    pending "add some examples to (or delete) #{__FILE__}"
 4 +    describe "#ip_address=" do
 5 +      example "引数に「127.0.0.1」を与えた場合" do
 6 +        src = AllowedSource.new(namespace: "staff", ip_address: "127.0.0.1")
 7 +        expect(src.octet1).to eq(127)
 8 +        expect(src.octet2).to eq(0)
 9 +        expect(src.octet3).to eq(0)
10 +        expect(src.octet4).to eq(1)
11 +        expect(src).not_to be_wildcard
12 +        expect(src).to be_valid
13 +      end
14 +
15 +      example "引数に「192.168.0.*」を与えた場合" do
16 +        src = AllowedSource.new(namespace: "staff", ip_address: "192.168.0.*")
17 +        expect(src.octet1).to eq(192)
18 +        expect(src.octet2).to eq(168)
19 +        expect(src.octet3).to eq(0)
20 +        expect(src.octet4).to eq(0)
21 +        expect(src).to be_wildcard
22 +        expect(src).to be_valid
23 +      end
24 +
25 +      example "引数に不正な文字列を与えた場合" do
26 +        src = AllowedSource.new(namespace: "staff", ip_address: "A.B.C.D")
27 +        expect(src).not_to be_valid
28 +      end
29 +    end
30    end
```

テストを実行します。

```
$ rspec spec/models/allowed_source_spec.rb
...
```

● 5-1 IP アドレスによるアクセス制限

```
Finished in 0.19519 seconds (files took 1.11 seconds to load)
3 examples, 0 failures
```

5-1-4　クラスメソッド include?

■ 最初の実装

続いて、AllowedSource モデルにクラスメソッド include? を追加します。

リスト 5-8　app/models/allowed_source.rb

```
   :
20        self.octet4 = octets[3]
21      end
22    end
23 +
24 +  class << self
25 +    def include?(namespace, ip_address)
26 +      return true if !Rails.application.config.baukis2[:restrict_ip_addresses]
27 +
28 +      octets = ip_address.split(".")
29 +
30 +      condition = %Q{
31 +        octet1 = ?  AND octet2 = ?  AND octet3 = ?
32 +        AND ((octet4 = ?  AND wildcard = ?)  OR wildcard = ?)
33 +      }.gsub(/¥s+/, " ").strip
34 +
35 +      opts = [ condition, *octets, false, true ]
36 +      where(namespace: namespace).where(opts).exists?
37 +    end
38 +  end
39  end
```

　このメソッドの第 1 引数には "staff" または "admin" を、第 2 引数には "192.168.0.1" のような
IP アドレスを表す文字列を指定します。IP アドレス制限機能を無効にしている場合には、直ちに true
を返します（26 行目）。

　35 行目をご覧ください。

99

Chapter 5 IP アドレスによるアクセス制限

```
opts = [ condition, *octets, false, true ]
```

　ローカル変数 condition には、プレースホルダー記号（?）付きの条件式がセットされています。またローカル変数 octets には指定された IP アドレスの各オクテットの値を要素として持つ配列がセットされています。これらを用いて新たな配列を作り、ローカル変数 opts にセットしています。

　octets の前に添えられたアスタリスク（*）は、配列をその場に展開します。つまり、35 行目は次のコードと同値です。

```
opts = [ condition, octets[0], octets[1], octets[2], octets[3], false, true ]
```

36 行目をご覧ください。

```
where(namespace: namespace).where(opts).exists?
```

　引数 namespace と 35 行目で定義した配列 opts を用いてデータベーステーブル allowed_sources を検索し、該当するレコードが存在するかどうかを調べています。配列 opts の第 1 要素にはプレースホルダー記号（?）付きの条件式がセットされています。そして、第 2 要素以下の値がそれぞれプレースホルダーの位置に埋め込まれて最終的な条件式が作られます。

■ RSpec によるテスト

　AllowedSource.include? メソッドをテストするためのエグザンプルを追加します。

リスト 5-9　spec/models/allowed_source_spec.rb

```
        :
27          expect(src).not_to be_valid
28        end
29      end
30 +
31 +    describe ".include?" do
32 +      before do
33 +        Rails.application.config.baukis2[:restrict_ip_addresses] = true
34 +        AllowedSource.create!(namespace: "staff", ip_address: "127.0.0.1")
35 +        AllowedSource.create!(namespace: "staff", ip_address: "192.168.0.*")
36 +      end
37 +
38 +      example "マッチしない場合" do
```

100

● 5-1 IP アドレスによるアクセス制限

```
39 +        expect(AllowedSource.include?("staff", "192.168.1.1")).to be_falsey
40 +      end
41 +
42 +      example "全オクテットがマッチする場合" do
43 +        expect(AllowedSource.include?("staff", "127.0.0.1")).to be_truthy
44 +      end
45 +
46 +      example "*付きの AllowedSource にマッチする場合" do
47 +        expect(AllowedSource.include?("staff", "192.168.0.100")).to be_truthy
48 +      end
49 +    end
50   end
```

テストを実行します。

```
$ rspec spec/models/allowed_source_spec.rb
......

Finished in 0.14209 seconds (files took 1.07 seconds to load)
6 examples, 0 failures
```

5-1-5　コントローラの修正

■ before_action の追加

AllowedSource.include? メソッドを用いて、実際に接続元の IP アドレスをチェックする機能をコントローラに組み込みます。

リスト 5-10　app/controllers/staff/base.rb

```
1   class Staff::Base < ApplicationController
2 +   before_action :check_source_ip_address
3     before_action :authorize
4     before_action :check_account
5     before_action :check_timeout
6
7     private def current_staff_member
8       if session[:staff_member_id]
9         @current_staff_member ||=
```

101

Chapter 5 IP アドレスによるアクセス制限

```
10          StaffMember.find_by(id: session[:staff_member_id])
11      end
12    end
13
14    helper_method :current_staff_member
15 +
16 +  private def check_source_ip_address
17 +    raise IpAddressRejected unless AllowedSource.include?("staff", request.ip)
18 +  end
19
20    private def authorize
 :
```

request は request オブジェクト（本編 6-3-2 項「ERB テンプレートの作成」参照）を返すメソッド
です。request.ip は接続元（クライアント）の IP アドレスを文字列で返します。

■ テストの修正

check_source_ip_address メソッドを before_action に追加したことにより、いくつかの RSpec
エグザンプルが失敗するようになります。

```
$ rspec spec
..FFFFFFFF............................FFFFFFF...............

Failures:

  1) 職員による顧客管理 職員が顧客 ( 基本情報のみ ) を追加する
     Failure/Error:
       within("#login-form") do
         fill_in "メールアドレス", with: staff_member.email
         fill_in "パスワード", with: password
（以下省略）
```

そこで、spec/rails_helper.rb を次のように修正します。

リスト 5-11   spec/rails_helper.rb

```
 :
15  RSpec.configure do |config|
16    config.fixture_path = "#{::Rails.root}/spec/fixtures"
17    config.use_transactional_fixtures = true
18    config.infer_spec_type_from_file_location!
```

● 5-1 IP アドレスによるアクセス制限

```
19    config.filter_rails_from_backtrace!
20    config.include FactoryBot::Syntax::Methods
21    config.include ActiveSupport::Testing::TimeHelpers
22 +
23 +  config.before do
24 +    Rails.application.config.baukis2[:restrict_ip_addresses] = false
25 +  end
26  end
```

各エグザンプルの実行前に IP アドレス制限機能が無効化されるため、すべてのテストが成功します。

```
$ rspec spec
.......................................................................

Finished in 24.91 seconds (files took 1.1 seconds to load)
64 examples, 0 failures
```

■ RSpec によるテスト

IP アドレスによるアクセス制限が正しく動作していることを確かめるための spec ファイルを作りましょう。

リスト 5-12　spec/requests/staff/ip_address_restriction_spec.rb (New)

```
1   require "rails_helper"
2
3   describe "IP アドレスによるアクセス制限" do
4     before do
5       Rails.application.config.baukis2[:restrict_ip_addresses] = true
6     end
7
8     example "許可" do
9       AllowedSource.create!(namespace: "staff", ip_address: "127.0.0.1")
10      get staff_root_url
11      expect(response.status).to eq(200)
12    end
13
14    example "拒否" do
15      AllowedSource.create!(namespace: "staff", ip_address: "192.168.0.*")
16      get staff_root_url
17      expect(response.status).to eq(403)
18    end
```

Chapter 5 IP アドレスによるアクセス制限

```
 19    end
```

test モードでは、`request.ip` は常に `"127.0.0.1"` を返します。HTTP レスポンスのステータスは、アクセスが許可された場合は 200 となり、拒否された場合は 403 となります。

テストを実行します。

```
$ rspec spec/requests/staff/ip_address_restriction_spec.rb
..

Finished in 0.08123 seconds (files took 1.04 seconds to load)
2 examples, 0 failures
```

5-1-6　動作確認

では、最後にブラウザで動作確認を行いましょう。まず、IP アドレスによるアクセス制限機能を無効にします。

リスト 5-13　config/initializers/baukis2.rb

```
 1    Rails.application.configure do
 2      config.baukis2 = {
 3        staff: { host: "baukis2.example.com", path: "" },
 4        admin: { host: "baukis2.example.com", path: "admin" },
 5        customer: { host: "example.com", path: "mypage" },
 6 -      restrict_ip_addresses: true
 6 +      restrict_ip_addresses: false
 7      }
 8    end
```

Baukis2 を再起動して、職員用トップページにアクセスしてください。通常の職員向けトップページが表示されれば OK です。動作確認が終わったら、baukis2.rb の変更を元に戻し、Baukis2 を再起動します。

ここでブラウザをリロードすると図 5-1 のようなエラーが画面が表示されます。

次にエラー画面に表示された IP アドレスを許可 IP アドレスに登録します。ただし、"172.19.0.1" の部分は、開発環境によって異なる可能性がありますので、実際のエラー画面に表示された IP アドレスで置き換えてください。

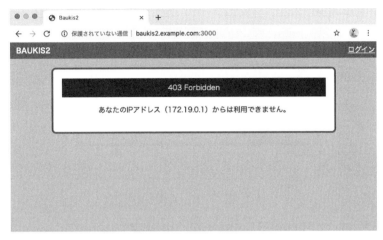

図 5-1　エラー画面

```
$ bin/rails r 'AllowedSource.create!(namespace: "staff", ip_address: "172.19.0.1")'
```

そして、ブラウザをリロードし、通常の職員向けトップページが表示されればOKです。

5-2　許可 IP アドレスの管理

　本節では、管理者が許可 IP アドレスの管理（新規追加と削除）を行う機能を作成します。複数個のレコードを一括削除するアクションの実装例です。

5-2-1　仕様

　管理者ページに、図 5-2 のような許可 IP アドレスの管理フォームと表を設置します。

　フォーム左上の 4 つのテキスト入力欄に許可したい IP アドレスの 4 つのオクテットを入力し「追加」ボタンをクリックすると、許可 IP アドレスが追加されます。

　また、削除したい IP アドレスをチェックして「チェックした IP アドレスを削除」ボタンをクリックすると、許可 IP アドレスが一括削除されます。

Chapter 5 IP アドレスによるアクセス制限

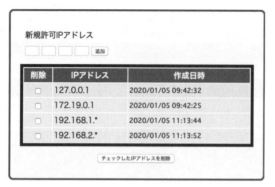

図 5-2 許可 IP アドレスの管理フォームと表

5-2-2 ルーティング

config/routes.rb を次のように書き換えてください。

リスト 5-14　config/routes.rb

```
   :
15    constraints host: config[:admin][:host] do
16      namespace :admin, path: config[:admin][:path] do
17        root "top#index"
18        get "login" => "sessions#new", as: :login
19        resource :session, only: [ :create, :destroy ]
20        resources :staff_members do
21          resources :staff_events, only: [ :index ]
22        end
23        resources :staff_events, only: [ :index ]
24 +      resources :allowed_sources, only: [ :index, :create ] do
25 +        delete :delete, on: :collection
26 +      end
27      end
28    end
   :
```

　許可 IP アドレス管理機能のコントローラは admin/allowed_sources です。アクションは、index、create、delete の 3 つ。delete アクションでは一括削除を行いますので、コレクションルーティングとして設定します（本編 9-2-2 項「ルーティングの分類」参照）。

5-2-3 許可 IP アドレスの一覧表示

■ ダッシュボードにリンクを設置

管理者用ダッシュボードに「許可 IP アドレス管理」へのリンクを設置します。

リスト 5-15　app/views/admin/top/dashboard.html.erb

```
1   <% @title = "ダッシュボード" %>
2   <h1><%= @title %></h1>
3
4   <ul class="menu">
5     <li><%= link_to "職員管理", :admin_staff_members %></li>
6     <li><%= link_to "職員のログイン・ログアウト記録", :admin_staff_events %></li>
7 + <li><%= link_to "許可 IP アドレス管理", :admin_allowed_sources %></li>
8   </ul>
```

ブラウザで管理者としてログインすると、図 5-3 のような画面が表示されます。

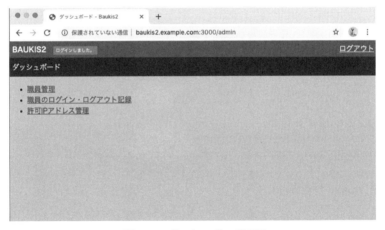

図 5-3　ダッシュボード画面

■ index アクション

`admin/allowed_sources` コントローラの骨組みを生成します。

```
$ bin/rails g controller admin/allowed_sources
```

107

Chapter 5 IP アドレスによるアクセス制限

index アクションを実装します。

リスト 5-16　app/controllers/admin/allowed_sources_controller.rb

```
1 -  class Admin::AllowedSourcesController < ApplicationController
1 +  class Admin::AllowedSourcesController < Admin::Base
2 +    def index
3 +      @allowed_sources = AllowedSource.where(namespace: "staff")
4 +        .order(:octet1, :octet2, :octet3, :octet4)
5 +    end
6    end
```

AllowedSource モデルのためのプレゼンターを作成します。

リスト 5-17　app/presenters/allowed_source_presenter.rb (New)

```
1  class AllowedSourcePresenter < ModelPresenter
2    delegate :octet1, :octet2, :octet3, :octet4, :wildcard?, to: :object
3
4    def ip_address
5      [ octet1, octet2, octet3, wildcard? ? "*" : octet4 ].join(".")
6    end
7  end
```

許可された IP アドレスを "127.0.0.1" や "192.168.0.*" のような文字列として返すメソッド
ip_address を定義しています。

index アクションの ERB テンプレートを作成します。

リスト 5-18　app/views/admin/allowed_sources/index.html.erb (New)

```
1  <% @title = "許可 IP アドレス一覧" %>
2  <h1><%= @title %></h1>
3
4  <div class="table-wrapper">
5    <table class="listing">
6      <tr>
7        <th>IP アドレス</th>
8        <th>作成日時</th>
9      </tr>
10     <% @allowed_sources.each do |s| %>
11       <% p = AllowedSourcePresenter.new(s, self) %>
12       <tr>
13         <td class="ip"><%= p.ip_address %></td>
```

108

```
14            <td class="date"><%= p.created_at %></td>
15          </tr>
16        <% end %>
17      </table>
18    </div>
```

スタイルシートを書き換えます。

リスト 5-19　app/assets/stylesheets/admin/tables.scss

```
   :
21      th, td { padding: $narrow }
22 -    td.email, td.date { font-family: monospace }
22 +    td.email, td.date, td.ip { font-family: monospace }
23      td.boolean { text-align: center }
   :
```

許可 IP アドレスを 2 つ追加します。

```
$ bin/rails r 'AllowedSource.create!(namespace: "staff", ip_address: "127.0.0.1")'
$ bin/rails r 'AllowedSource.create!(namespace: "staff", ip_address: "192.168.1.*")'
```

ブラウザで管理者ダッシュボードから「許可 IP アドレス管理」リンクをクリックすると、図 5-4 のような画面が表示されます。

図 5-4　許可 IP アドレス一覧

Chapter 5 IP アドレスによるアクセス制限

5-2-4 許可 IP アドレスの新規登録フォーム

続いて、許可 IP アドレスのリストの上に新規登録フォームを設置します。まず、`admin/allowed_sources#index` アクションのコードを次のように書き換えてください。

リスト 5-20 app/controllers/admin/allowed_sources_controller.rb

```
1   class Admin::AllowedSourcesController < Admin::Base
2     def index
3       @allowed_sources = AllowedSource.where(namespace: "staff")
4         .order(:octet1, :octet2, :octet3, :octet4)
5 +     @new_allowed_source = AllowedSource.new
6     end
7   end
```

そして、同アクションの ERB テンプレートを次のように書き換えます。

リスト 5-21 app/views/admin/allowed_sources/index.html.erb

```
1   <% @title = "許可 IP アドレス一覧" %>
2   <h1><%= @title %></h1>
3
4 - <div class="table-wrapper">
4 + <div id="generic-form" class="table-wrapper">
5 +   <div>
6 +     <%= render "new_allowed_source" %>
7 +   </div>
8 +
9     <table class="listing">
:
```

部分テンプレート `_new_allowed_source.html.erb` を作成します。

リスト 5-22 app/views/admin/allowed_sources/_new_allowed_source.html.erb (New)

```
1   <%= form_with model: @new_allowed_source,
2     url: [ :admin, @new_allowed_source ] do |f| %>
3     <div>
4       <%= f.label(:octet1, "新規許可 IP アドレス") %>
5       <%= f.text_field(:octet1, size: 3) %>
6       <%= f.text_field(:octet2, size: 3) %>
7       <%= f.text_field(:octet3, size: 3) %>
```

110

```
 8        <%= f.text_field(:last_octet, size: 3) %>
 9        <%= f.submit "追加" %>
10      </div>
11  <% end %>
```

4つ目の入力欄は整数の他にアスタリスク（*）も入力できるので、`last_octet`という属性を別途用意します。

リスト 5-23　app/models/allowed_source.rb

```
1   class AllowedSource < ApplicationRecord
2 +   attr_accessor :last_octet
3 +
4     validates :octet1, :octet2, :octet3, :octet4, presence: true,
:
```

ブラウザで許可IPアドレス一覧ページを開くと、図5-5のような画面が表示されます。

図 5-5　許可 IP アドレスの入力フォームとリスト

Chapter 5 IP アドレスによるアクセス制限

5-2-5　許可 IP アドレスの追加

■ create アクション

admin/allowed_sources#create アクションを実装します。

リスト 5-24　app/controllers/admin/allowed_sources_controller.rb

```
 1    class Admin::AllowedSourcesController < Admin::Base
 2      def index
 3        @allowed_sources = AllowedSource.where(namespace: "staff")
 4          .order(:octet1, :octet2, :octet3, :octet4)
 5        @new_allowed_source = AllowedSource.new
 6      end
 7 +
 8 +    def create
 9 +      @new_allowed_source = AllowedSource.new(allowed_source_params)
10 +      @new_allowed_source.namespace = "staff"
11 +
12 +      if @new_allowed_source.save
13 +        flash.notice = "許可 IP アドレスを追加しました。"
14 +        redirect_to action: "index"
15 +      else
16 +        @allowed_sources =
17 +          AllowedSource.order(:octet1, :octet2, :octet3, :octet4)
18 +        flash.now.alert = "許可 IP アドレスの値が正しくありません。"
19 +        render action: "index"
20 +      end
21 +    end
22 +
23 +    private def allowed_source_params
24 +      params.require(:allowed_source)
25 +        .permit(:octet1, :octet2, :octet3, :last_octet)
26 +    end
27    end
```

Strong Parameters のフィルターにフォームから送信されたパラメータを通すため、プライベートメソッド allowed_source_params を定義しています。

● 5-2 許可 IP アドレスの管理

■ AllowedSource モデル

最後に、AllowedSource モデルのコードを次のように書き換えます。

リスト 5-25　app/models/allowed_source.rb

```
 1    class AllowedSource < ApplicationRecord
 2      attr_accessor :last_octet
 3  +
 4  +   before_validation do
 5  +     if last_octet
 6  +       self.last_octet.strip!
 7  +       if last_octet == "*"
 8  +         self.octet4 = 0
 9  +         self.wildcard = true
10  +       else
11  +         self.octet4 = last_octet
12  +       end
13  +     end
14  +   end
15
16      validates :octet1, :octet2, :octet3, :octet4, presence: true,
17        numericality: { only_integer: true, allow_blank: true },
18        inclusion: { in: 0..255, allow_blank: true }
19      validates :octet4,
20        uniqueness: {
21          scope: [ :namespace, :octet1, :octet2, :octet3 ], allow_blank: true
22        }
23  +   validates :last_octet,
24  +     inclusion: { in: (0..255).to_a.map(&:to_s) + [ "*" ], allow_blank: true }
25  +
26  +   after_validation do
27  +     if last_octet
28  +       errors[:octet4].each do |message|
29  +         errors.add(:last_octet, message)
30  +       end
31  +     end
32  +   end
33
34      def ip_address=(ip_address)
    :
```

　追加されたコードは、すべて last_octet 属性に関連しています。before_validation ブロックで
は、last_octet 属性にアスタリスク（*）がセットされているかどうかで処理を切り替えています。
アスタリスクなら、octet4 属性に 0 をセットして wildcard フラグを立てます。そうでなければ、

113

Chapter 5 IP アドレスによるアクセス制限

last_octet 属性の値を octet4 属性にそのままセットします。

23-24 行をご覧ください。

```
validates :last_octet,
  inclusion: { in: (0..255).to_a.map(&:to_s) + [ "*" ], allow_blank: true }
```

last_octet 属性の値があるリストに含まれているかどうかを確認しています。式 (0..255).to_a.map
(&:to_s) は、0 から 255 までの整数を文字列に変換したものの配列を返します。それと配列 ["*"]
を連結することで、last_octet 属性に記入可能なすべての値を列挙しています。

26-32 行では after_validation コールバックが定義されています。

```
after_validation do
  if last_octet
    errors[:octet4].each do |message|
      errors.add(:last_octet, message)
    end
  end
end
```

octet4 属性に登録されたエラーメッセージをすべて last_octet 属性のものとして登録し直してい
ます。presence タイプと uniqueness タイプのバリデーションが octet4 属性に対して行われますが、
octet4 属性に対応する入力欄はフォーム上に存在しないため、フォーム上にエラーの状態を表現でき
ません。しかし、octet4 属性で生じたエラーを last_octet 属性のエラーとしてしまえば、入力欄の
背景色をピンク色に変えることができます。

■ 動作確認

ブラウザで許可 IP アドレス一覧ページを開き、以下の項目について動作確認を行ってください。

- 新規許可 IP アドレスとして「192.168.2.*」を追加できる。
- 新規許可 IP アドレスとして「192.168.2.999」を追加しようとすると、last_octet 属性の入力欄の
  背景色がピンク色になる。
- 何も記入せずに「追加」ボタンをクリックすると、4 つの入力欄の背景色がすべてピンク色になる。
- 既存の許可 IP アドレス「127.0.0.1」を新規許可 IP アドレスとして追加しようとすると、last_octet
  属性の入力欄の背景色がピンク色になる。

114

● 5-2 許可 IP アドレスの管理

5-2-6　許可 IP アドレスの一括削除フォーム

　本章の締めくくりとして、許可 IP アドレスの一括削除機能を作成します。まず、index アクション
の ERB テンプレートを次のように書き換えます。

リスト 5-26　app/views/admin/allowed_sources/index.html.erb

```
 1    <% @title = "許可 IP アドレス一覧" %>
 2    <h1><%= @title %></h1>
 3
 4    <div id="generic-form" class="table-wrapper">
 5      <div>
 6        <%= render "new_allowed_source" %>
 7      </div>
 8 +
 9 +    <%= form_with scope: "form", url: :delete_admin_allowed_sources,
10 +      method: :delete do |f| %>
11      <table class="listing">
12        <tr>
13 +        <th>削除</th>
14          <th>IP アドレス</th>
15          <th>作成日時</th>
16        </tr>
17 -      <% @allowed_sources.each do |s|%>
17 +      <% @allowed_sources.each_with_index do |s, index| %>
18          <% p = AllowedSourcePresenter.new(s, self) %>
19 -        <tr>
20 -          <td class="ip"><%= p.ip_address %></td>
21 -          <td class="date"><%= p.created_at %></td>
22 -        </tr>
19 +        <%= f.fields_for :allowed_sources, s, index: index do |ff| %>
20 +          <%= ff.hidden_field :id %>
21 +          <tr>
22 +            <td class="actions"><%= ff.check_box :_destroy %></td>
23 +            <td class="ip"><%= p.ip_address %></td>
24 +            <td class="date"><%= p.created_at %></td>
25 +          </tr>
26 +        <% end %>
27        <% end %>
28      </table>
29 +    <div class="buttons">
30 +      <%= f.submit "チェックした IP アドレスを削除",
31 +        data: { confirmed: "本当に削除しますか。" } %>
32 +    </div>
```

115

```
33 +    <% end %>
34      </div>
```

これまでの用法とは異なり、modelオプションを指定せずにform_withメソッドを使用しています。この場合、特定のモデルオブジェクトと結び付かないフォームが生成されます。

fields_forメソッドに指定するindexオプションについては、本編18-3-1項「個人電話番号の入力欄表示」で説明しました。複数のオブジェクトを含むフォームにおいて、このindexオプションに与えた数値がオブジェクトを識別するための番号となります。

fields_forブロックの内側では隠しフィールドとしてid属性の値が埋め込まれ（20行目）、_destroy属性のためのチェックボックスが生成されます（22行目）。

AllowedSourceモデルに_destroy属性を追加します。

リスト 5-27　app/models/allowed_source.rb

```
1    class AllowedSource < ApplicationRecord
2 -    attr_accessor :last_octet
2 +    attr_accessor :last_octet, :_destroy
3
4      before_validation do
:
```

ブラウザで許可IPアドレス一覧ページを開くと、図5-6のような画面が表示されます。

図 5-6　許可 IP アドレスの削除ボタンを表示

● 5-2 許可 IP アドレスの管理

5-2-7 許可 IP アドレスの一括削除

■ サービスオブジェクト

許可 IP アドレスの一括削除フォームから送られてくるデータを受ける処理はやや複雑になりますので、アクション内に全部記述するのは適切ではありません。サービスオブジェクト（本編 8-2 節）を作ることにしましょう。

app/services/admin ディレクトリに、新規ファイル allowed_sources_deleter.rb を次の内容で作成します。

リスト 5-28　app/services/admin/allowed_sources_deleter.rb (New)

```
 1  class Admin::AllowedSourcesDeleter
 2    def delete(params)
 3      if params && params[:allowed_sources].kind_of?(ActionController::Parameters)
 4        ids = []
 5
 6        params[:allowed_sources].values.each do |hash|
 7          if hash[:_destroy] == "1"
 8            ids << hash[:id]
 9          end
10        end
11
12        if ids.present?
13          AllowedSource.where(namespace: "staff", id: ids).delete_all
14        end
15      end
16    end
17  end
```

許可 IP アドレスの一括削除フォームからは、次のような構造のパラメータが送られてきます。

```
{
  allowed_sources: {
    "0" => { id: "1", _destroy: "0" },
    "1" => { id: "2", _destroy: "1" },
    "2" => { id: "3", _destroy: "1" },
    "3" => { id: "4", _destroy: "0" }
  }
}
```

117

Chapter 5 IP アドレスによるアクセス制限

　この場合に、id が 2 と 3 の `AllowedSource` オブジェクトを削除するのが、この `delete` メソッドの目的です。`allowed_sources` パラメータの値がハッシュである場合、`values` メソッドは次のような配列を返します。

```
[
  { id: "1", _destroy: "0" },
  { id: "2", _destroy: "1" },
  { id: "3", _destroy: "1" },
  { id: "4", _destroy: "0" }
]
```

4-10 行をご覧ください。

```
ids = []

params[:allowed_sources].values.each do |hash|
  if hash[:_destroy] == "1"
    ids << hash[:id]
  end
end
```

`each` メソッドで配列の要素（ハッシュ）を 1 個ずつ取り出し、そのハッシュの `:destroy` キーの値が `"1"` である場合は、`:id` キーの値を配列 `ids` に加えています。ループが終了した時点では、配列 `ids` に削除すべき `AllowedSource` オブジェクトの主キーがたまります。

　これを用いて `allowed_sources` テーブルから該当するレコードを一括削除します（13 行目）。

```
AllowedSource.where(namespace: "staff", id: ids).delete_all
```

■ delete アクション

　では、サービスオブジェクト `Admin::AllowedSourcesDeleter` を用いて admin/allowed_sources コントローラに `delete` アクションを追加しましょう。

リスト 5-29　app/controllers/admin/allowed_sources_controller.rb

```
   :
23    private def allowed_source_params
24      params.require(:allowed_source)
25        .permit(:octet1, :octet2, :octet3, :last_octet)
```

118

```
26     end
27 +
28 +   def delete
29 +     if Admin::AllowedSourcesDeleter.new.delete(params[:form])
30 +       flash.notice = "許可 IP アドレスを削除しました。"
31 +     end
32 +     redirect_to action: "index"
33 +   end
34   end
```

Admin::AllowedSourcesDeleter の delete メソッドはインスタンスメソッドとして定義されていますので、new でインスタンス化する必要があります。

■ 動作確認

ブラウザで許可 IP アドレス一覧ページを開き、以下の項目について動作確認を行ってください。

- 一括削除フォーム内のチェックボックスをまったくチェックせずに「削除」ボタンをクリックした場合、許可 IP アドレス一覧ページがそのままもう一度表示される（フラッシュメッセージは表示されない）。
- 一括削除フォーム内の複数の許可 IP アドレスにチェックして、「削除」ボタンをクリックすると、「許可 IP アドレスを削除しました。」というフラッシュメッセージが表示され、それらの許可 IP アドレスが削除されている。

5-3   演習問題

問題 1

管理者ページに対して IP アドレスによるアクセス制限機能を追加してください。

問題 2

Baukis2 を再起動してから、以下の操作を順に行ってください。

1. 管理者用トップページにアクセスして 403 エラーが発生することを確かめてください。
2. エラー画面に表示された IP アドレスを名前空間 admin の許可 IP アドレスとして登録してください。

Chapter 5 IP アドレスによるアクセス制限

3. ブラウザを再読み込みして、管理者用トップページが正常に表示されることを確認してください。

問題 3

　問題 1 で作った機能をテストする spec ファイルを作成し、テストが成功することを確認してください。作成するディレクトリは spec/requests/admin で、ファイル名は ip_address_restriction_spec.rb とします。

問題 4

　環境変数 RESTRICT_IP_ADDRESS に 1 をセットしてサーバーを起動した場合にのみ IP アドレスによるアクセス制限機能が有効となるよう config/initializers ディレクトリの baukis2.rb を変更してください。

　また、実際にこの環境変数に 1 をセットしてサーバーを起動し、IP アドレスによるアクセス制限機能が有効となることを確認してください。

120

Part III

プログラム管理機能

Chapter 6	多対多の関連付け	122
Chapter 7	複雑なフォーム	150
Chapter 8	トランザクションと排他的ロック	186

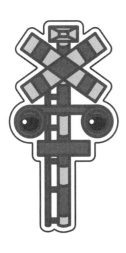

Chapter 6
多対多の関連付け

Chapter 6 から Chapter 8 までの 3 章で、顧客向けの各種プログラム（催し物、イベント、講習会、セミナー、キャンペーンなど）とプログラムへの申込者を管理する機能を作成します。本章ではこの機能に必要なモデル群を定義しつつ、多対多で関連付けられたモデル群の基本的な取り扱い方法を学習します。

6-1　多対多の関連付け

この節では、プログラム申込者管理機能に必要なテーブルやモデルを定義しながら、多対多で関連付けられたモデル群をどのように取り扱えばよいのかを学びます。

6-1-1　プログラム管理機能の概要

本章から Chapter 8 では、Baukis2 にプログラムとプログラムへの申込者を管理する機能を追加します。ここでいう「プログラム」とは、催し物、イベント、講習会、セミナー、キャンペーンなどの総称です。Baukis2 にアカウントを持つ顧客だけが申し込めます。職員は申込者リストを見て、申し込みを承認したり、取り消したりします。

● 6-1 多対多の関連付け

話を単純にするため、プログラムの設定項目は以下の7つとします。

- タイトル
- 説明
- 申し込み開始日時
- 申し込み終了日時
- 最小参加者数
- 最大参加者数
- 登録職員

　最小参加者数と最大参加者数の入力は省略可能で、その他は入力必須です。申し込み開始日時が来ると顧客はプログラムに申し込めるようになります。そして、プログラムへの申込者が最大参加者数に達するか申し込み終了日時を過ぎると、申し込みの受付が止まります。

　顧客は複数のプログラムに申し込めますが、1つのプログラムには1回しか申し込めません。また、顧客はあるプログラムに申し込んだ後で申し込みをキャンセルできますが、キャンセル後に同じプログラムに申し込みを行うことはできません。また、申し込み終了日時が設定されている場合、その時刻以降はキャンセルできません。

6-1-2　データベース設計

■ データベース設計を考える

　以上のようなプログラム申込者管理機能を作るために、どのようなデータベース設計を行えばいいでしょうか。まず、プログラムの情報を記録するための programs テーブルを作るのが出発点です。問題は、「申込者」あるいは「申し込む」という概念をどうデータベースで表現するかです。

　こういう場合、すでに存在するテーブル（あるいは、それを表現するモデルクラス）の相互関係を整理してみることをお勧めします。

　今回は以下の3つのテーブル（モデルクラス）について考えてみましょう。

- staff_members（StaffMember）
- programs（Program）
- customers（Customer）

123

Chapter 6 多対多の関連付け

　職員とプログラムの間には、1対多の関連が存在します。ある職員がプログラムを登録すれば、その職員はプログラムにとっての登録職員となります。職員と顧客の間には、（少なくともプログラム申込者管理機能の文脈では）特別な関連はありません。そして、プログラムと顧客の間には、本章のテーマである**多対多の関連**が存在します。各プログラムは複数の顧客を抱えており、各顧客は複数のプログラムに所属しています。

　以上のような複雑な関係性を整理するときには、図 6-1 のようなクラス図（次ページのコラム参照）を描いてみると便利です。

図 6-1　クラス図 1

　図に描かれた 3 個の長方形はクラスを表します。長方形と長方形を結んでいる線は、クラス同士が関連付けられていることを示します。そして、線の両端にある 1 あるいはアスタリスク記号（*）は、多重度を表しています。多重度とは関連付けできるオブジェクトの個数を表現する概念です。線の両端に 1 と * が置かれていればクラスとクラスが「1 対多の関連」にあることを示し、線の両端に * と * がクラスとクラスが「多対多の関連」にあることを示します。

　さて、リレーショナルデータベースにおいて多対多の関連を表現するためには、2 つのテーブルを結び付けるテーブル（リンクテーブル）を定義するのが簡便です。そのテーブル名を `entries` とし、モデルクラス名を `Entry` としましょう。すると、先ほどのクラス図は図 6-2 のように書き換えられます。

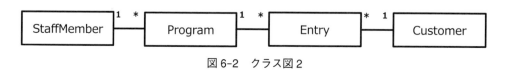

図 6-2　クラス図 2

　リンクテーブル `entries` の各レコードは、プログラムと顧客を結ぶ"糸"のようなものと考えてください。このテーブルには、外部キーとして使われる 2 つのカラム `program_id` と `customer_id` を定義します。これらのカラムによって"糸"の両端がどのプログラムと顧客に結び付けられているかが分かります。一般に、「多対多の関連」はリンクテーブルを用いて「1 対多の関連」を 2 つ組み合わせたものに変換することができます。

Column　クラス図とは

　クラス図とは、統一モデリング言語（Unified Modeling Language; UML）に含まれる図（ダイアグラム）の1つです。私は言語体系としてのUML自体はあまり好きではありませんが（複雑すぎるので）、クラス図はしばしば利用します。といっても、UMLツールを用いてクラス図を作成することはほとんどありません。頭の整理のために、紙とボールペンで（あるいは、ホワイトボードとマーカーで）手書きのクラス図を描くだけです。

　私が使用するクラス図は極めてシンプルなものです。UMLの仕様ではクラス図にクラスの属性やメソッドなども記述できるようになっていますが、私は長方形の中にクラス名だけを書きます。そして、関連するクラス同士を線で結び、線の両端に多重度の記号を添えます。この程度の雑なクラス図でも、データベース設計の問題点を浮かび上がらせるのに役立ちます。

■ マイグレーションスクリプト

では、以上の設計方針に基づいてマイグレーションスクリプトを作成しましょう。まず、スクリプトの骨組みを生成します。

```
$ bin/rails g model program
$ bin/rails g model entry
```

specファイルを削除します。

```
$ rm spec/models/program_spec.rb
$ rm spec/models/entry_spec.rb
```

programsテーブルのマイグレーションスクリプトを次のように書き換えます。

リスト6-1　db/migrate/20190101000013_create_programs.rb

```
1     class CreatePrograms < ActiveRecord::Migration[6.0]
2       def change
3         create_table :programs do |t|
4 +         t.integer :registrant_id, null: false # 登録職員（外部キー）
5 +         t.string :title, null: false # タイトル
6 +         t.text :description # 説明
7 +         t.datetime :application_start_time, null: false # 申し込み開始日時
8 +         t.datetime :application_end_time, null: false # 申し込み終了日時
```

Chapter 6　多対多の関連付け

```
 9 +          t.integer :min_number_of_participants # 最小参加者数
10 +          t.integer :max_number_of_participants # 最大参加者数
11
12            t.timestamps
13          end
14 +
15 +        add_index :programs, :registrant_id
16 +        add_index :programs, :application_start_time
17 +        add_foreign_key :programs, :staff_members, column: "registrant_id"
18        end
19      end
```

entries テーブルのマイグレーションスクリプトを次のように書き換えます。

リスト 6-2　db/migrate/20190101000014_create_entries.rb

```
 1    class CreateEntries < ActiveRecord::Migration[6.0]
 2      def change
 3        create_table :entries do |t|
 4 +        t.references :program, null: false, index: false
 5 +        t.references :customer, null: false
 6 +        t.boolean :approved, null: false, default: false # 承認済みフラグ
 7 +        t.boolean :canceled, null: false, default: false # 取り消しフラグ
 8
 9          t.timestamps
10        end
11 +
12 +      add_index :entries, [ :program_id, :customer_id ], unique: true
13 +      add_foreign_key :entries, :programs
14 +      add_foreign_key :entries, :customers
15      end
16    end
```

マイグレーションを実行します。

```
$ bin/rails db:migrate
```

126

● 6-1 多対多の関連付け

6-1-3 Entry モデルとプログラムモデル

■ モデルクラス

続いて、モデルクラス群に関連付けのコードを追加します。まずは、Entry モデルから。

リスト 6-3　app/models/entry.rb

```
1   class Entry < ApplicationRecord
2 +   belongs_to :program
3 +   belongs_to :customer
4   end
```

外部キー program_id を通じて Program モデルを参照し、外部キー customer_id を通じて Customer モデルを参照しています。

次に、Program クラス。

リスト 6-4　app/models/program.rb

```
1   class Program < ApplicationRecord
2 +   has_many :entries, dependent: :destroy
3 +   has_many :applicants, through: :entries, source: :customer
4 +   belongs_to :registrant, class_name: "StaffMember"
5   end
```

2 行目では、Program モデルと Entry モデルの間に「1 対多の関連付け」を設定しています。Entry モデルは Program モデルと Customer モデルを連結する役割を持ちますので、リンクモデルと呼びます。

続いて、3 行目をご覧ください。

```
    has_many :applicants, through: :entries, source: :customer
```

ここで Program モデルと Customer モデルの間に「多対多の関連付け」を設定しています。

このコードを一般化したものが次の式です。

```
   has_many X, through: Y, source: Z
```

そして、このコードの意味を模式的に表現したのが図 6-3 です。

この図において、円で囲んだ P、E、C はモデルオブジェクトです。すなわち、Program モデル、Entry

127

Chapter 6 多対多の関連付け

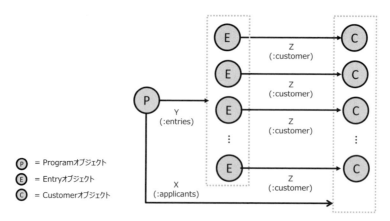

図 6-3 多対多の関連付けの模式図

モデル、Customer モデルのインスタンスです。1 個の P は複数個の E を持ち、1 個の E は 1 個の C を持っています。

X、Y、Z はすべて関連付けの名前です。今回、クラスメソッド has_many で定義したい関連付けが X です。Y と Z は他の場所で定義されている関連付けです。Y は、program.rb の 2 行目で定義されています。

```
has_many :entries, dependent: :destroy
```

また、Z は entry.rb の 3 行目で定義されています。

```
belongs_to :customer
```

P から関連付け Y をたどると複数の E にたどり着きます。そして、それぞれの E から関連付け Z をたどると複数の C に至ります。このとき、関連付け Y と関連付け Z を"合成"して、新たな関連付け X を定義しようとするのが、

```
has_many :applicants, through: :entries, source: :customer
```

というクラスメソッド呼び出しの意図です。

同様に、Customer モデルから Program モデルに対しても「多対多の関連付け」を定義します。

リスト 6-5 app/models/customer.rb

```
:
```

● 6-1 多対多の関連付け

```
 6      has_many :addresses, dependent: :destroy
 7      has_one :home_address, autosave: true
 8      has_one :work_address, autosave: true
 9      has_many :phones, dependent: :destroy
10      has_many :personal_phones, -> { where(address_id: nil).order(:id) },
11        class_name: "Phone", autosave: true
12 +    has_many :entries, dependent: :destroy
13 +    has_many :programs, through: :entries
14
15      validates :gender, inclusion: { in: %w(male female), allow_blank: true }
 :
```

Program モデルの場合とほぼ同様ですが、13 行目で source オプションが指定されていない点が異なります。source オプションを省略しない場合、ここのコードは次のようになります。

```
    has_many :programs, through: :entries, source: :program
```

has_many メソッドの引数の単数形が source オプションの値と等しい場合、source オプションは省略できます。

最後に、StaffMember モデルの側から Program モデルとの関連付けを定義します。

リスト 6-6　app/models/staff_member.rb

```
 1      class Entry < ApplicationRecord
 2        include EmailHolder
 3        include PersonalNameHolder
 4        include PasswordHolder
 5
 6        has_many :events, class_name: "StaffEvent", dependent: :destroy
 7 +      has_many :programs, foreign_key: "registrant_id",
 8 +        dependent: :restrict_with_exception
 9
10        validates :start_date, presence: true, date: {
 :
```

テーブル programs からテーブル staff_members テーブルを参照しているカラム（外部キー）の名前 "registrant_id" を foreign_key オプションに指定しています。参照先テーブルの名前から外部キーの名前が推定できる場合（外部キーの名前が staff_member_id であった場合）は、foreign_key オプションは省略可能です。

dependent オプションにシンボル :restrict_with_exception を指定しているのは、安全のための

129

Chapter 6 多対多の関連付け

措置です。いま、ある職員と関連付けられたプログラムが1個以上存在しているとします。その場合、職員だけを削除しようとするとデータベース側でエラーが発生します。外部キー制約違反となるからです。そこで、その職員の削除を試みると例外が発生するように設定しています。

> これまでのように dependent オプションに :destroy オプションを指定すれば外部キー制約違反によるエラーは発生しなくなります。しかし、常識的に考えれば、職員アカウント削除の副作用としてプログラムのデータが消えるべきではないでしょう。

■ 職員管理機能の修正

ここで少し寄り道をして、管理者による職員管理機能を修正します。1個以上のプログラムを持つ職員は削除できないことになりましたので、その仕様を反映させておきます。

まず、StaffMember モデルに deletable? メソッドを追加します。職員が持っているプログラムの個数が0の場合に true を返すメソッドです。

リスト 6-7 app/models/staff_member.rb

```
   :
21      def active?
22        !suspended?  && start_date <= Date.today &&
23          (end_date.nil?  || end_date > Date.today)
24      end
25 +
26 +    def deletable?
27 +      programs.empty?
28 +    end
29    end
```

そして、admin/staff_members#destroy アクションを次のように書き換えてください。

リスト 6-8 app/controllers/admin/staff_members_controller.rb

```
   :
49      def destroy
50        staff_member = StaffMember.find(params[:id])
51 -      staff_member.destroy!
52 -      flash.notice = "職員アカウントを削除しました。"
51 +      if staff_member.deletable?
52 +        staff_member.destroy!
53 +        flash.notice = "職員アカウントを削除しました。"
```

130

● 6-1 多対多の関連付け

```
54  +      else
55  +        flash.alert = "この職員アカウントは削除できません。"
56  +      end
57         redirect_to :admin_staff_members
58       end
59     end
```

■ シードデータの投入

次に、programs テーブルにシードデータを投入するスクリプトを作成します。

リスト 6-9   db/seeds/development/programs.rb (New)

```
1   staff_members = StaffMember.order(:id)
2
3   20.times do |n|
4     t = (18 - n).weeks.ago.midnight
5     Program.create!(
6       title: "プログラム No.#{n + 1}",
7       description: "会員向け特別プログラムです。" * 10,
8       application_start_time: t,
9       application_end_time: t.advance(days: 7),
10      registrant: staff_members.sample
11    )
12  end
```

20 個のプログラムを作成しています。うち 1 個は現在申し込み受付中で、1 個は来週から申し込み受付が開始されます。残り 18 個は過去のプログラムで、すでに申し込み期間が終了しています。

さらに、entries テーブルにシードデータを投入するスクリプトを作成します。

リスト 6-10   db/seeds/development/entries.rb (New)

```
1   programs = Program.where(["application_start_time < ?", Time.current])
2   programs.order(id: :desc).limit(3).each_with_index do |p, i|
3     Customer.order(:id).limit((i + 1) * 5).each do |c|
4       p.applicants << c
5     end
6   end
```

受け付け開始日時をすぎたプログラムを新しい順に 3 個選び、それぞれに顧客を関連付けています。顧客の数はそれぞれ 5 人、10 人、15 人です。

131

Chapter 6　多対多の関連付け

4行目をご覧ください。

```
    p.applicants << c
```

　プログラムと顧客は多対多で関連付けられていますが、関連付けを行う書き方は1対多の関連付け
の場合と同じです。

　db/seeds.rb を書き換えます。

リスト 6-11　db/seeds.rb

```
1 -  table_names = %w(staff_members administrators staff_events customers)
1 +  table_names = %w(
2 +    staff_members administrators staff_events customers
3 +    programs entries
4 +  )
5
6    table_names.each do |table_name|
:
```

　シードデータを投入し直します。

```
$ bin/rails db:reset
```

6-2　プログラム管理機能（1）

　この節では、職員によるプログラム管理機能のうち、プログラムの一覧表示機能と詳細
表示機能を実装します。プログラムの新規登録・更新・削除など、残りの機能は次章で
扱います。

6-2-1　プログラムの一覧表示

　まず、プログラムのリストを表示する機能を作りましょう。

132

● 6-2 プログラム管理機能（1）

■ ルーティング

config/routes.rb を次のように書き換えてください。

リスト 6-12　config/routes.rb

```
   :
   4      constraints host: config[:staff][:host] do
   5        namespace :staff, path: config[:staff][:path] do
   6          root "top#index"
   7          get "login" => "sessions#new", as: :login
   8          resource :session, only: [ :create, :destroy ]
   9          resource :account, except: [ :new, :create ]
  10          resource :password, only: [ :show, :edit, :update ]
  11          resources :customers
  12 +        resources :programs
  13        end
  14      end
   :
```

■ リンクの設置

職員ページのトップ（ダッシュボード）に「プログラム管理」へのリンクを設置します。

リスト 6-13　app/views/staff/top/dashboard.html.erb

```
  1    <% @title = "ダッシュボード" %>
  2    <h1><%= @title %></h1>
  3
  4    <ul class="menu">
  5      <li><%= link_to "顧客管理", :staff_customers %></li>
  6 +    <li><%= link_to "プログラム管理", :staff_programs %></li>
  7    </ul>
```

■ index アクション

staff/programs コントローラの骨組みを生成します。

```
$ bin/rails g controller staff/programs
```

staff/programs#index アクションを実装します。

133

Chapter 6 多対多の関連付け

リスト 6-14　app/controllers/staff/programs_controller.rb

```
1 -  class Staff::ProgramsController < ApplicationController
1 +  class Staff::ProgramsController < Staff::Base
2 +    def index
3 +      @programs = Program.order(application_start_time: :desc)
4 +        .page(params[:page])
5 +    end
6    end
```

受け付け開始日時でソートした上で、page メソッドを呼び出してページネーションに対応しています。

■ モデルプレゼンター

Program モデルのためのプレゼンターを作成します。

リスト 6-15　app/presenters/program_presenter.rb (New)

```
1   class ProgramPresenter < ModelPresenter
2     delegate :title, :description, to: :object
3     delegate :number_with_delimiter, to: :view_context
4
5     def application_start_time
6       object.application_start_time.strftime("%Y-%m-%d %H:%M")
7     end
8
9     def application_end_time
10      object.application_end_time.strftime("%Y-%m-%d %H:%M")
11    end
12
13    def max_number_of_participants
14      if object.max_number_of_participants
15        number_with_delimiter(object.max_number_of_participants)
16      end
17    end
18
19    def min_number_of_participants
20      if object.min_number_of_participants
21        number_with_delimiter(object.min_number_of_participants)
22      end
23    end
24
```

134

● 6-2 プログラム管理機能（1）

```
25      def number_of_applicants
26        number_with_delimiter(object.applicants.count)
27      end
28
29      def registrant
30        object.registrant.family_name + " " + object.registrant.given_name
31      end
32    end
```

`number_with_delimiter` は、引数に与えられた数値に 3 桁区切りのコンマを追加するヘルパーメソッ
ドです。プレゼンターの中でそのまま使えるようにするため、2 行目でこのメソッドを `view_context`
に委譲しています。

26 行目をご覧ください。

```
number_with_delimiter(object.applicants.count)
```

多対多の関連付け `applicants` を用いて、プログラムへの申込者数を計算しています。次節では、こ
の部分について再検討します。

■ ERB テンプレートの本体

`staff/programs#index` アクションのための ERB テンプレートを作成します。

リスト 6-16　app/views/staff/programs/index.html.erb (New)

```
1    <% @title = "プログラム管理" %>
2    <h1><%= @title %></h1>
3
4    <div class="table-wrapper">
5      <div class="links">
6        <%= link_to "新規登録", :new_staff_program %>
7      </div>
8
9      <%= paginate @programs %>
10
11     <table class="listing">
12       <tr>
13         <th>タイトル</th>
14         <th>申し込み開始日時</th>
```

Chapter 6 多対多の関連付け

```
15        <th>申し込み終了日時</th>
16        <th>最小参加者数</th>
17        <th>最大参加者数</th>
18        <th>申し込み件数</th>
19        <th>登録職員</th>
20        <th>アクション</th>
21      </tr>
22      <%= render partial: "program", collection: @programs %>
23    </table>
24
25    <%= paginate @programs %>
26
27    <div class="links">
28      <%= link_to "新規登録", :new_staff_program %>
29    </div>
30  </div>
```

partial オプションと collection オプション付きで呼び出す render メソッドの使い方については、本編 Chapter 13 で紹介しました。プログラムの個数分だけ、この位置に部分テンプレートが埋め込まれます。

■ 部分テンプレート

Program モデルのためのプレゼンターを用いて、部分テンプレートを作成します。

リスト 6-17　app/views/staff/programs/_program.html.erb (New)

```
1  <% p = ProgramPresenter.new(program, self) %>
2  <tr>
3    <td><%= p.title %></td>
4    <td class="date"><%= p.application_start_time %></td>
5    <td class="date"><%= p.application_end_time %></td>
6    <td class="numeric"><%= p.min_number_of_participants %></td>
7    <td class="numeric"><%= p.max_number_of_participants %></td>
8    <td class="numeric"><%= p.number_of_applicants %></td>
9    <td><%= p.registrant %></td>
10   <td class="actions">
11     <%= link_to "詳細", [ :staff, program ] %> |
12     <%= link_to "編集", [ :edit, :staff, program ] %> |
13     <%= link_to "削除", [ :staff, program ], method: :delete,
14       data: { confirm: "本当に削除しますか？" } %>
15   </td>
```

```
16      </tr>
```

■ スタイルシート

リスト 6-18　app/assets/stylesheets/staff/tables.scss

```
    :
23      td.boolean { text-align: center; }
24 +    td.numeric { text-align: right; }
25      td.actions {
    :
```

■ 動作確認

ブラウザで Baukis2 に職員としてログインして「プログラム管理」リンクをクリックすると、図 6-4 のような画面が表示されます。

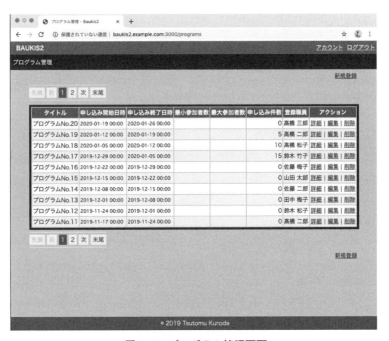

図 6-4　プログラム管理画面

Chapter 6 多対多の関連付け

6-2-2 プログラムの詳細表示

■ show アクション

`staff/programs#show` アクションを作成します。

リスト 6-19　app/controllers/staff/programs_controller.rb

```
 1   class Staff::ProgramsController < Staff::Base
 2     def index
 3       @programs = Program.order(application_start_time: :desc)
 4         .page(params[:page])
 5     end
 6 +
 7 +   def show
 8 +     @program = Program.find(params[:id])
 9 +   end
10   end
```

■ ERB テンプレート

`staff/programs#show` アクションの ERB テンプレートを作成します。

リスト 6-20　app/views/staff/programs/show.html.erb (New)

```
 1   <% @title = "プログラム詳細情報" %>
 2   <h1><%= @title %></h1>
 3
 4   <div class="table-wrapper">
 5     <% p = ProgramPresenter.new(@program, self) %>
 6
 7     <table class="attributes">
 8       <tr><th>タイトル</th><td><%= p.title %></td></tr>
 9       <tr><th>申し込み開始日</th>
10         <td class="date"><%= p.application_start_time %></td></tr>
11       <tr><th>申し込み終了日</th>
12         <td class="date"><%= p.application_end_time %></td></tr>
13       <tr><th>最小参加者数</th>
14         <td class="numeric"><%= p.min_number_of_participants %></td></tr>
15       <tr><th>最大参加者数</th>
```

138

```
16          <td class="numeric"><%= p.max_number_of_participants %></td></tr>
17        <tr><th>申し込み件数</th>
18          <td class="numeric"><%= p.number_of_applicants %></td></tr>
19        <tr><th>登録職員</th><td><%= p.registrant %></td></tr>
20      </table>
21
22      <div class="description"><%= p.description %></div>
23    </div>
```

■ スタイルシート

app/assets/stylesheets/staff ディレクトリに新規スタイルシート divs_and_spans.scss を次の内容で作成します。

リスト 6-21　app/assets/stylesheets/staff/divs_and_spans.scss (New)

```
1    @import "colors";
2    @import "dimensions";
3
4    div.description {
5      margin: $wide;
6      padding: $wide;
7      background-color: $very_light_gray;
8    }
```

■ 動作確認

プログラムの一覧表で適当な行の「詳細」リンクをクリックすると、図 6-5 のような画面が表示されます。

Chapter 6 多対多の関連付け

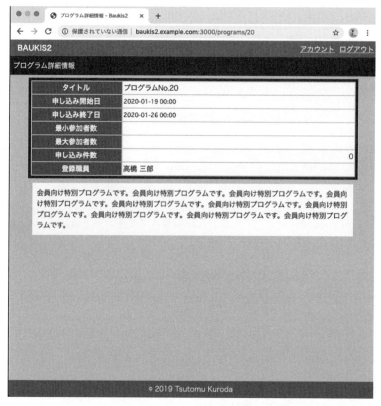

図 6-5　プログラム詳細画面

6-3　パフォーマンスの改善

この節では、「N+1 問題」の解消を通じてプログラムの一覧表示機能のパフォーマンスを改善します。特に、複数のテーブルを結合してクエリの回数を減らす技法について解説します。

6-3-1　includes メソッドによる改善

プログラムの一覧を表示する際にターミナルに表示されるログを見ると、programs テーブルから SELECT するクエリの後で、customers テーブルから SELECT するクエリと staff_members テーブルから SELECT するクエリが交互に 10 回繰り返されていることが分かります（図 6-6）。

本編 13-4 節で説明した N+1 問題が発生しています。本編で問題になったのは、職員のログイン・

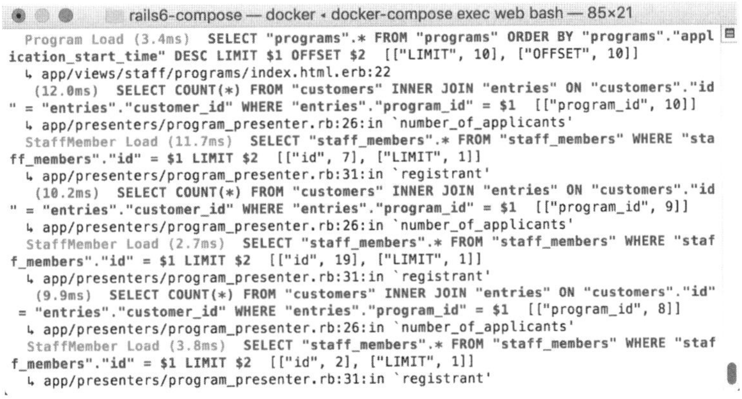

● 6-3 パフォーマンスの改善

図 6-6　N+1 問題の存在を示すログ

ログアウト記録のリストを表示する際に、職員のデータをどう取得するか、ということでした。ERB
テンプレート側で職員のデータを 1 つずつ取得すると、10 件の記録を表示するのに最大で 11 回のデー
タベースへのアクセスが発生していました。しかし、`includes` メソッドを使えばデータベースへのア
クセス回数が劇的に減りました。

　プログラム管理機能にも同じ構図があります。各プログラムへの申込者数を表示するため 10 件のプ
ログラム情報を表示するのに、10 回該当する顧客を数えています。また、各プログラムには「登録職
員（`registrant`）」という名前で職員が関連付けられています。10 件のプログラム情報を表示するの
に、最大で 10 回も職員のデータを取得しなければなりません。

　ログの末尾には次のような出力が出ています。

```
Completed 200 OK in 1081ms (Views: 653.1ms | ActiveRecord: 265.7ms | Allocations:
69330)
```

`ActiveRecord: 265.7ms` の部分に着目してください。データベース関連の処理に 0.27 秒ほどかかっ
ています。具体的な時間はコンピュータの状態により大きく左右されるので、この数字だけでは遅い
とも速いとも言えませんが、これから行う改善策の効果を見るための基準になります。

> ブラウザを何度かリロードしてみると、ログに出力される具体的な処理時間はかなり変動することが分
> かります。パフォーマンス改善を厳密に行うためには、処理時間を複数回計測して平均を取る必要があ
> ります。

　まず、`staff_members` テーブルへのクエリ回数を減らしましょう。`staff/programs#index` アクショ
ンを次のように書き換えてください。

141

Chapter 6 多対多の関連付け

リスト 6-22　app/controllers/staff/programs_controller.rb

```
1   class Staff::ProgramsController < Staff::Base
2     def index
3       @programs = Program.order(application_start_time: :desc)
4 -         .page(params[:page])
4 +         .includes(:registrant).page(params[:page])
5     end
:
```

　簡単ですね。プログラムの一覧を再表示してからログを見ると、確かにクエリの回数が減っています。しかし、筆者のマシンではデータベース関連の処理にかかる時間にはほとんど改善が見られませんでした。おそらくは申込者数を取得する処理の方により大きな時間がかかっているのでしょう。

6-3-2　スコープの定義

　さて、他のパフォーマンス向上策を考える前に、少しソースコードの整理をしておきましょう。現在、staff/programs#index アクションのコードは次の通りです。

```
@programs = Program.order(application_start_time: :desc)
  .includes(:registrant).page(params[:page])
```

　Program クラスに order、includes、page と数多くのメソッドが鎖のようにつながっており、ごちゃごちゃしています。モデルクラスにスコープを定義すると、ソースコードをすっきりさせることができます。

　Program モデルのソースコードを次のように書き換えてください。

リスト 6-23　app/models/program.rb

```
1   class Program < ApplicationRecord
2     has_many :entries, dependent: :destroy
3     has_many :applicants, through: :entries, source: :customer
4     belongs_to :registrant, class_name: "StaffMember"
5 +
6 +   scope :listing, -> {
7 +     order(application_start_time: :desc)
8 +       .includes(:registrant)
9 +   }
```

● 6-3 パフォーマンスの改善

```
10    end
```

クラスメソッド scope を用いて :listing という名前のスコープを定義しています。モデルクラスのスコープとは、検索条件の組み合わせに名前を付けたものです。scope メソッドの第2引数は Proc オブジェクトで、その中に where、order、includes などの検索条件を指定するメソッドを記述します。

定義されたスコープ :listing を用いると、staff/programs#index アクションのコードは、次のように短くなります。

リスト 6-24　app/controllers/staff/programs_controller.rb

```
1     class Staff::ProgramsController < Staff::Base
2       def index
3 -       @programs = Program.order(application_start_time: :desc)
4 -         .includes(:registrant).page(params[:page])
3 +       @programs = Program.listing.page(params[:page])
4       end
:
```

今後は、パフォーマンス向上のために index アクションを書き換えることはなくなります。

6-3-3　集計対象の変更による改善

次に私が目を付けたのは、ProgramPresenter の次の部分です。

リスト 6-25　app/presenters/program_presenter.rb

```
:
25      def number_of_applicants
26        number_with_delimiter(object.applicants.count)
27      end
:
```

object 属性には Program オブジェクトがセットされていて、その applicants（申込者）の人数を数えています。しかし、applicants の代わりに entries（申し込み）の個数を数えても同じことです。

143

Chapter 6 多対多の関連付け

関連付け applicants は関連付け entries と関連付け customer の合成ですので、entries の個数を数えた方が効率が良さそうです。

そこで、ProgramPresenter のソースコードを次のように書き換えます。

リスト 6-26　app/presenters/program_presenter.rb

```
     :
25     def number_of_applicants
26 -     number_with_delimiter(object.applicants.count)
26 +     number_with_delimiter(object.entries.count)
27     end
     :
```

プログラムの一覧を再表示してからログを見ると、クエリの回数は従来通りですが、JOIN を用いた複雑なクエリが行われなくなっています（図 6-7）。

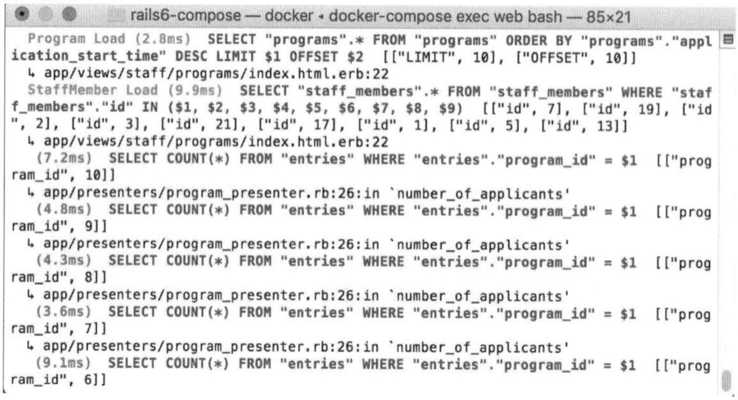

図 6-7　単純なクエリの繰り返しが記録されたログ

また、データベース関連の処理にかかる時間も短縮されています。筆者のマシンでは、ActiveRecord: 76.8ms のような 0.1 秒を切る値が出るようになりました。

6-3-4　テーブルの内部結合（INNER JOIN）

現行のコードでは、プログラムの申込者数をプログラムごとに数えています。つまり、10 件のプログラムを表示するために、10 回データベースに申込者数を数えさせていることになります。要するに、ここにも「N+1 問題」が存在します。1 回のクエリで 10 件分の申込者数を取得できないものでしょ

144

● 6-3 パフォーマンスの改善

うか。

　もちろん、できます。program.rb を次のように書き換えてください。

リスト 6-27　app/models/program.rb

```
 1    class Program < ApplicationRecord
 2      has_many :entries, dependent: :destroy
 3      has_many :applicants, through: :entries, source: :customer
 4      belongs_to :registrant, class_name: "StaffMember"
 5
 6      scope :listing, -> {
 7 -      order(application_start_time: :desc)
 7 +      joins(:entries)
 8 +        .select("programs.*, COUNT(entries.id) AS number_of_applicants")
 9 +        .group("programs.id")
10 +        .order(application_start_time: :desc)
11        .includes(:registrant)
12      }
13    end
```

　スコープ :listing に 3 つのメソッド joins、select、group を追加しています。

　joins メソッドは別のテーブルを結合します。すなわち、そのテーブルの値を検索結果に取り込みます。引数には、関連付けの名前を指定します。ここでは :entries を指定することで、entries テーブルを結合しています。

> シンボル :entries はテーブルの名前ではなく、Program モデルでクラスメソッド has_many により定義された関連付けの名前です。

　select メソッドの引数には、テーブルから値を取得するカラムのリストをコンマ区切りで指定します。ドットの左側がテーブル名で右側がカラム名です。アスタリスク (*) は「すべてのカラム」という意味です。

> select メソッドを用いない場合、テーブルから単純にすべてのカラムの値を取得します。つまり、select メソッドを用いないことと、"programs.*" という引数を与えて select メソッドを呼び出すことは、同じ意味です。

　ここでは、programs テーブルのすべてのカラムの値に加え、

```
COUNT(entries.id) AS number_of_applicants
```

145

Chapter 6 多対多の関連付け

という値を取得するように指定しています。SQL の関数 COUNT は引数に指定したカラムの値が NULL でないレコードの個数を返します。entries テーブルの id カラムには NOT NULL 制約が課せられていますので、結局のところ entries テーブルのレコード数を数えているのと同じです。そして、SQL の演算子 AS は左辺の値に別名を付けますので、私たちは number_of_applicants という "カラム" として、entries テーブルのレコード数を得ることになります。

select メソッドで指定したカラムのリストに COUNT のような集計関数が含まれている場合、原則として group メソッドの呼び出しが必須となります。COUNT 関数はレコードの集合をグループに分けて、グループごとにレコード数を数え上げます。group メソッドはグループ化の基準となるカラムを設定します。

ここでは group メソッドに引数として "programs.id" が指定されており、COUNT 関数の引数には entries.id が指定されていますので、entries テーブルの全レコードがカラム program_id を基準にグループに分けられます。そして、グループごとのレコード数が number_of_applicants という "カラム" の値となります。

この結果、ProgramPresenter#number_of_applicants メソッドのコードは次のように書き換えられます。

リスト 6-28　app/presenters/program_presenter.rb

```
   :
25      def number_of_applicants
26 -      number_with_delimiter(object.entries.count)
26 +      number_with_delimiter(object[:number_of_applicants])
27      end
   :
```

また、この書き換えによって staff/programs#show アクションのコードも次のような修正が必要となります。

リスト 6-29　app/controllers/staff/programs_controller.rb

```
1    class Staff::ProgramsController < Staff::Base
2      def index
3        @programs = Program.listing.page(params[:page])
4      end
5
6      def show
```

146

```
7 -      @program = Program.find(params[:id])
7 +      @program = Program.listing.find(params[:id])
8    end
9  end
```

　このアクションのERBテンプレートでも`ProgramPresenter#number_of_applicants`メソッドを呼び出しているため、`number_of_applicants`という"カラム"を含む検索結果をデータベースから受け取る必要があるためです。

　では、動作確認をしましょう。ブラウザをリロードすると図6-8のような表示になります。

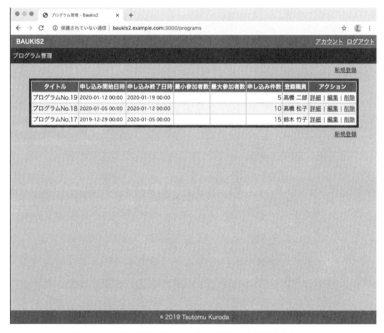

図6-8　申込者数が0のプログラムが表示されない

　申込者数が0のプログラムが表示されていません。何が起こっているのでしょうか。以下、結合する側のテーブル（entries）をX、結合される側のテーブル（entries）をYとして説明しましょう。

　`joins`メソッドはYの外部キー（`program_id`）を用いてXとYを結合します。しかし、普通に`joins`メソッドでテーブルを結合すると、Yからまったく参照されていないXのレコードが検索結果から除外されてしまいます。つまり、少なくとも1件以上の申し込みのあったプログラムしか検索されないのです。その結果、一覧表に3件しかプログラムが含まれていなかったのです。

Chapter 6 多対多の関連付け

参照されていないレコードを含まないような検索結果を返すテーブルの結合を、SQL 用語で内部結合（INNER JOIN）と呼びます。

6-3-5 テーブルの左外部結合（LEFT OUTER JOIN）

では、申し込みのないプログラムが一覧表に含まれるように修正を行いましょう。Program モデルのソースコードを次のように修正してください。

リスト 6-30　app/models/program.rb

```
 :
 6      scope :listing, -> {
 7 -      joins(entries)
 7 +      left_joins(:entries)
 8          .select("programs.*, count(entries.id) AS number_of_applicants")
 9          .group("programs.id")
10          .order(application_start_time: :desc)
11          .includes(:registrant)
12      }
13    end
```

joins メソッドを left_joins メソッド（あるいは、別名の left_outer_joins メソッド）で置き換えると、結合する側のテーブル（左辺）のレコードはすべて（右辺から参照されていなくても）検索結果に残るようになります。これを SQL 用語で左外部結合（LEFT OUTER JOIN）と呼びます。

ブラウザをリロードすると申込者数が 0 のプログラムも表示されるようになりました。ログを見ると entries テーブルに対するクエリの繰り返しが解消されています。また、データベース関連の処理にかかる時間がさらに短縮されています。筆者のマシンでは、おおむね 0.05 秒以下で完了するようになりました。パフォーマンス改善策を講じる前と比較すると約 5 分の 1 の時間で済んでいます。

148

● 6-3 パフォーマンスの改善

Chapter 7
複雑なフォーム

Chapter 7 では前章に引き続き、顧客向けの各種プログラムとプログラムへの申込者を管理する機能を作成します。本章のテーマは「複雑なフォーム」です。Rails の標準的な書き方に沿うだけでは作りにくい、若干イレギュラーな仕様に立ち向かうためのノウハウを紹介します。

7-1　プログラム管理機能（2）

前章ではプログラム管理機能のうち、プログラムの一覧表示機能と詳細表示機能を実装しました。この節では、プログラムを新規登録・更新するためのフォームを表示するところまでを作ります。

7-1-1　プログラム新規登録・更新フォームの仕様

　職員がプログラムを新規登録・更新するフォームのビジュアルデザインとして、私が想定しているのは図 7-1 のようなものです。
　注目すべきは、申し込み開始日時と申し込み終了日時の時刻を入力するためのドロップダウンリストです。本章のテーマは「複雑なフォーム」ですが、その最初の例がこれです。一見簡単そうに見えますが、なかなか複雑です。

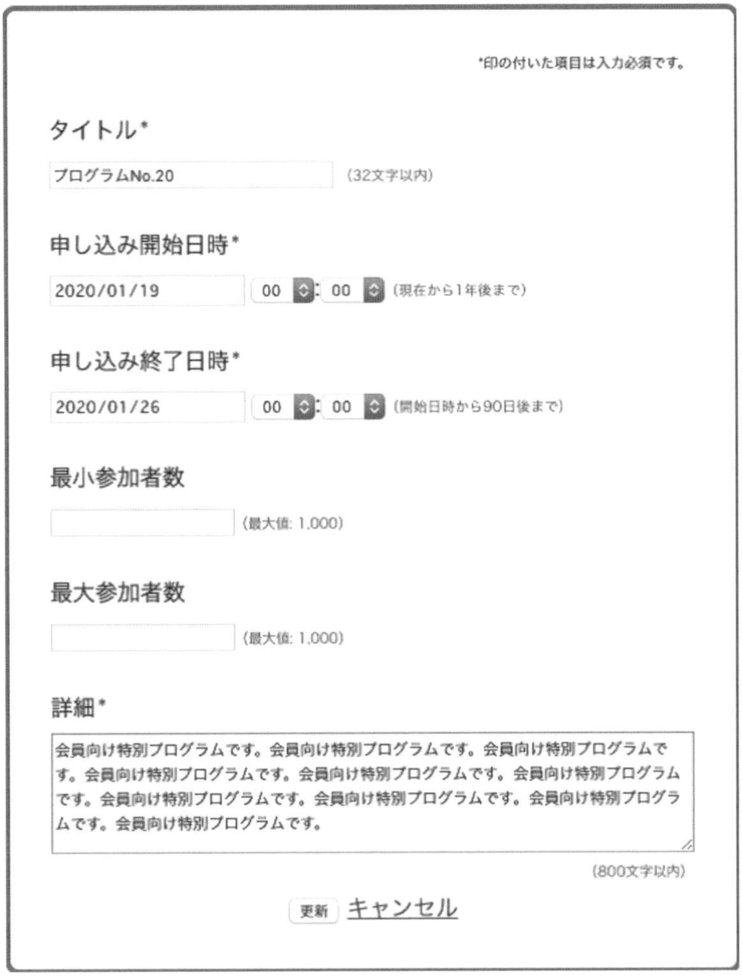

● 7-1 プログラム管理機能（2）

図7-1　プログラム新規登録・更新フォーム

　申し込み開始日時は、application_start_time という1個のデータベースカラムに対応しています。しかし、フォーム上では、日付入力、時間選択、分選択という3つのフィールドに分かれます。フォームから送信されるデータを処理する側では、3つのフィールドの値を組み合わせて日時（Datetime）型の値に変換します。また、バリデーションによるエラーメッセージは、日付入力欄の下に表示されます。これらの多くの要素がうまく協調して動くようにしなければなりません。

Chapter 7 複雑なフォーム

7-1-2　仮想フィールド

まず、Program モデルが受け付け開始日時および受け付け終了日時の日付、時間、分の値を一時的に保持できるようにします。

リスト 7-1　app/models/program.rb

```
  :
10          .order(application_start_time: :desc)
11          .includes(:registrant)
12    }
13 +
14 +   attribute :application_start_date, :date, default: Date.today
15 +   attribute :application_start_hour, :integer, default: 9
16 +   attribute :application_start_minute, :integer, default: 0
17 +   attribute :application_end_date, :date, default: Date.today
18 +   attribute :application_end_hour, :integer, default: 17
19 +   attribute :application_end_minute, :integer, default: 0
20    end
```

Rails が提供するクラスメソッド attribute は、モデルクラスにインスタンス変数を読み書きするメソッドを追加します。すなわち、モデルクラスに読み書き可能な属性を定義します。

14 行目をご覧ください。

```
    attribute :application_start_date, :date, default: Date.today
```

日付型の属性 application_start_date を定義しています。そのデフォルト値は今日の日付となります。

Ruby 標準のクラスメソッド attr_accessor でも同様に属性を定義できますが、attribute で定義された属性には型が設定される点に特徴があります。例えば、ある属性に整数（integer）という型を設定すれば、書き込みメソッドの引数に与えられた文字列は暗黙の内に整数に変換されます。これは、HTML フォームから送られてくる値を処理するのに適した特徴です。

本書では、クラスメソッド attribute で定義された属性を**仮想フィールド**と呼ぶことにします。モデルクラスにおいて仮想フィールドはデータベーステーブルのカラムに対応する通常のフィールドと同様に扱えます。つまり、バリデーションの対象となります。ただし、通常のフィールドとは異なり、仮想フィールドの値はデータベースに保存されません。

152

● 7-1 プログラム管理機能（2）

7-1-3 仮想フィールド群の初期化

仮想フィールドはデータベーステーブルのカラムとの対応を持たないので、初期状態では単にデフォルト値がセットされるだけです。既存のプログラムに関しては、すでに設定されている開始日時と終了日時から仮想フィールド群の値を計算してセットする方法を用意しましょう。Program モデルのソースコードを次のように書き換えてください。

リスト 7-2　app/models/program.rb

```
   :
18     attribute :application_end_hour, :integer, default: 0
19     attribute :application_end_minute, :integer, default: 0
20 +
21 +   def init_virtual_attributes
22 +     if application_start_time
23 +       self.application_start_date = application_start_time.to_date
24 +       self.application_start_hour = application_start_time.hour
25 +       self.application_start_minute = application_start_time.min
26 +     end
27 +
28 +     if application_end_time
29 +       self.application_end_date = application_end_time.to_date
30 +       self.application_end_hour = application_end_time.hour
31 +       self.application_end_minute = application_end_time.min
32 +     end
33 +   end
34   end
```

仮想フィールド群を初期化するメソッド init_virtual_attributes を定義しています。このメソッドの名前は、Rails で決まっているものではありません。Baukis2 独自のものです。受け付け開始日時および受け付け終了日時の値（日時型）から日付、時間、分の値を作って、それぞれの仮想フィールドにセットしています。

7-1-4 new アクションと edit アクションの実装

staff/programs コントローラに new アクションと edit アクションを追加します。

153

Chapter 7 複雑なフォーム

リスト 7-3　app/controllers/staff/programs_controlller.rb

```
  :
 6      def show
 7        @program = Program.listing.find(params[:id])
 8      end
 9  +
10  +   def new
11  +     @program = Program.new
12  +   end
13  +
14  +   def edit
15  +     @program = Program.find(params[:id])
16  +     @program.init_virtual_attributes
17  +   end
18      end
```

　edit アクションでは、編集対象となる Program オブジェクトを取得してから init_virtual_attributes メソッドを呼び出して仮想フィールド群を初期化しています。この初期化プロセスは自動で実行されないので、このように明示的に呼び出す必要があります。

7-1-5　FormPresenter の拡張

　これまで作ったフォームと異なり、プログラムの新規登録・編集フォームには各入力欄の右もしくは右下に入力値に関する指示（文字数制限、期間制限など）が表示されています。そこで、FormPresenter クラスを少し拡張します。

リスト 7-4　app/presenters/form_presenter.rb

```
  :
20      def text_field_block(name, label_text, options = {})
21        markup(:div, class: "input-block") do |m|
22          m << decorated_label(name, label_text, options)
23          m << text_field(name, options)
24  +       if options[:maxlength]
25  +         m.span " (#{options[:maxlength]}文字以内) ", class: "instruction"
26  +       end
27          m << error_messages_for(name)
28        end
29      end
30
```

154

● 7-1　プログラム管理機能（2）

```
31        def password_field_block(name, label_text, options = {})
 :
```

　text_field_block メソッドに maxlength オプションを指定すると、その値は input 要素の maxlength 属性として使われると同時に、入力欄の右に文字数制限に関する情報が表示されるようになります。

　さらに、数値入力フィールドを出力するための number_field_block を FormPresenter クラスに追加します。

リスト 7-5　app/presenters/form_presenter.rb

```
   :
27          m << error_messages_for(name)
28        end
29      end
30 +
31 +    def number_field_block(name, label_text, options = {})
32 +      markup(:div) do |m|
33 +        m << decorated_label(name, label_text, options)
34 +        m << form_builder.number_field(name, options)
35 +        if options[:max]
36 +          max = view_context.number_with_delimiter(options[:max].to_i)
37 +          m.span "（最大値: #{max}）", class: "instruction"
38 +        end
39 +        m << error_messages_for(name)
40 +      end
41 +    end
42
43      def password_field_block(name, label_text, options = {})
   :
```

　このメソッドは、text_field_block メソッドと同様にテキスト入力欄を生成しますが、input 要素の type 属性に "number" という値が指定されるため、HTML5 に対応したブラウザでは、数値入力に適したユーザーインターフェースが適用されます。また、max オプションを指定すれば、その値は input 要素の max 属性として使われると同時に、入力欄の右に数値制限に関する情報が表示されるようになります。

　HTML5 に対応していないブラウザでは、number タイプの input 要素は普通のテキスト入力欄として表示され、max 属性の値は無視されます。

Chapter 7 複雑なフォーム

7-1-6 ProgramFormPresenter の作成

続いて、Program モデル用のフォームプレゼンターを作成します。

リスト 7-6　app/presenters/program_form_presenter.rb (New)

```
1   class ProgramFormPresenter < FormPresenter
2     def description
3       markup(:div, class: "input-block") do |m|
4         m << decorated_label(:description, "詳細", required: true)
5         m << text_area(:description, rows: 6, style: "width: 454px")
6         m.span " (800文字以内) ", class: "instruction", style: "float: right"
7       end
8     end
9
10    def datetime_field_block(name, label_text, options = {})
11      instruction = options.delete(:instruction)
12      markup(:div, class: "input-block") do |m|
13        m << decorated_label("#{name}_date", label_text, options)
14        m << date_field("#{name}_date", options)
15        m << form_builder.select("#{name}_hour", hour_options)
16        m << ":"
17        m << form_builder.select("#{name}_minute", minute_options)
18        m.span " (#{instruction}) ", class: "instruction" if instruction
19      end
20    end
21
22    private def hour_options
23      (0..23).map { |h| [ "%02d" % h, h ] }
24    end
25
26    private def minute_options
27      (0..11)
28        .map { |n| n * 5}
29        .map { |m| [ "%02d" % m, m ] }
30    end
31  end
```

description メソッドは、プログラムの詳細を入力するテキストエリアを生成します。文字数制限に関する情報を右下に配置するために、style オプションを用いて細かく調整しています。

datetime_field_block メソッドは、日付、時間、分という 3 つの入力欄の組を生成します。受け付け開始日時（application_start_time）と受け付け終了日時（application_end_time）の両方に対応するため、このメソッドには少し工夫がしてあります。

156

第1引数 name には、"application_start" あるいは "application_end" のように、属性の名前から末尾の "_time" を除いたものを指定します。そして、メソッドの中で必要に応じて name に "_date"、"_hour"、"_minute" などの文字列を追加して、各フィールドの名前を生成しています。例えば、13 行目をご覧ください。

```
m << decorated_label("#{name}_date", label_text, options)
```

ここでは "#{name}_date" のように文字列の中に name を埋め込んで、"application_start_date" あるいは "application_end_date" のようなフィールド名を作っています。

次に、22-24 行をご覧ください。

```
private def hour_options
  (0..23).map { |h| [ "%02d" % h, h ] }
end
```

式 0..23 は、配列 [0, 1, ..., 22, 23] に相当する Range オブジェクトを作ります。これを map メソッドで次のような配列に変換しています。

```
[
  [ "00", 0 ],
  [ "01", 1 ],
  ...,
  [ "22", 22 ],
  [ "23", 23 ]
]
```

式 "%02d" % h は、整数 h を 2 桁の文字列に変換します。h が 10 未満の場合は、先頭に "0" を付け加えます。

このプライベートメソッド hour_options は、15 行目においてフォームビルダーの select メソッドへの第 2 引数を作るために使われています。select メソッドは第 2 引数に指定された配列の各要素を用いてドロップボックスの選択肢を作りますが、上記のような入れ子の配列を第 2 引数として受け取った場合は、各要素、すなわち内側の配列の第 1 要素を選択肢のラベル文字列、第 2 要素を選択肢の値として使用します。

続いて、26-30 行をご覧ください。

```
private def minute_options
  (0..11)
    .map { |n| n * 5}
```

Chapter 7 複雑なフォーム

```
        .map { |m| [ "%02d" % m, m ] }
    end
```

このメソッドは、次のような配列を返します。

```
[
  [ "00", 0 ],
  [ "05", 5 ],
  [ "10", 10 ],
  ...,
  [ "50", 50 ],
  [ "55", 55 ]
]
```

0から11までの12個の整数を表すRangeオブジェクトに対して2度mapメソッドを適用しています。1回目の呼び出しでは、各整数に5を掛けて5ずつ離れた0から55までの整数の配列を作ります。2回目の呼び出しでは、hour_optionsメソッドと同様に配列の配列を作り出しています。このminute_optionsメソッドは、5ずつ離れた0から55までの整数を選ぶドロップボックスを生成するために使われます。

datetime_field_blockメソッドにはもうひとつ工夫したところがあります。11行目をご覧ください。

```
    instruction = options.delete(:instruction)
```

ハッシュoptionsから:instructionキーを削除して、その値をローカル変数instructionにセットしています。そして、この変数を18行目で使用しています。

```
    m.span " (#{instruction})", class: "instruction" if instruction
```

つまり、instructionオプションを指定すると、その値が括弧で囲まれて時刻選択ドロップダウンリストの右に表示されます。

7-1-7 ERBテンプレート本体の作成

staff/programs#newアクションのERBテンプレートを作成します。

158

● 7-1 プログラム管理機能（2）

リスト 7-7　app/views/staff/programs/new.html.erb (New)

```
1   <% @title = "プログラムの新規登録" %>
2   <h1><%= @title %></h1>
3
4   <div id="generic-form">
5     <%= form_with model: @program, url: :staff_programs do |f| %>
6       <%= render "form", f: f %>
7       <div class="buttons">
8         <%= f.submit "登録" %>
9         <%= link_to "キャンセル", :staff_programs %>
10      </div>
11    <% end %>
12  </div>
```

staff/programs#edit アクションの ERB テンプレートを作成します。

リスト 7-8　app/views/staff/programs/edit.html.erb (New)

```
1   <% @title = "プログラムの編集" %>
2   <h1><%= @title %></h1>
3
4   <div id="generic-form">
5     <%= form_with model: @program, url: [ :staff, @program ] do |f| %>
6       <%= render "form", f: f %>
7       <div class="buttons">
8         <%= f.submit "更新" %>
9         <%= link_to "キャンセル", :staff_programs %>
10      </div>
11    <% end %>
12  </div>
```

7-1-8　部分テンプレートの作成

続いて、プログラム情報の各入力フィールドを生成する部分テンプレートを作成します。

リスト 7-9　app/views/staff/programs/_form.html.erb (New)

```
1   <%= markup do |m|
2     p = ProgramFormPresenter.new(f, self)
3
```

159

Chapter 7 複雑なフォーム

```
 4       m << p.notes
 5       m << p.text_field_block(:title, "タイトル", maxlength: 32, required: true)
 6
 7       p.with_options(required: true) do |q|
 8         m << q.datetime_field_block(:application_start, "申し込み開始日時",
 9           instruction: "現在から1年後まで")
10         m << q.datetime_field_block(:application_end, "申し込み終了日時",
11           instruction: "開始日時から90日後まで")
12       end
13
14       p.with_options(size: 6) do |q|
15         m << q.number_field_block(:min_number_of_participants, "最小参加者数",
16           max: 1000)
17         m << q.number_field_block(:max_number_of_participants, "最大参加者数",
18           max: 1000)
19       end
20
21       m << p.description
22     end %>
```

5行目で text_field_block メソッドに maxlength オプションを指定して、タイトル入力欄の右に文字数制限の指示を表示しています。同様に、7-12行では datetime_field_block メソッドに instruction オプションを、14-19行では number_field_block メソッドに max オプションを指定して、各入力フィールドの右に日時や数値の上限に関する情報を表示しています。

7-1-9　スタイルシートの調整

app/assets/stylesheets/staff ディレクトリにあるスタイルシート form.scss を次のように書き換えます。

リスト7-10　app/assets/stylesheets/staff/form.css.scss

```
 :
24           color: $red;
25         }
26 +       span.instruction { font-size: $small; color: $dark_gray; }
27       }
28       div.input-block {
 :
```

160

7-1-10 表示確認

それでは、ブラウザで表示確認を行いましょう。適当な職員としてBaukis2にログインし、「プログラム管理」ページを開いて、適当なプログラムを選んで「編集」リンクをクリックすると、図7-2のような画面が表示されます。

図7-2 プログラムの編集ページ

そして、「キャンセル」リンクでプログラム一覧に戻り、右上の「新規登録」リンクをクリックして、同じようなフォームが表示されることを確認してください。

Chapter 7 複雑なフォーム

7-2　プログラム管理機能（3）

この節では、プログラムを新規登録・更新する機能を実装し、プログラム管理機能を完成させます。

7-2-1　プログラムの新規登録と更新

■ create アクション、update アクション

プログラムの新規登録処理と更新処理を実装していきます。staff/programs コントローラに create アクションと update アクションを追加してください。

リスト 7-11　app/controllers/staff/programs_controller.rb

```
     :
14   def edit
15     @program = Program.find(params[:id])
16     @program.init_virtual_attributes
17   end
18 +
19 + def create
20 +   @program = Program.new
21 +   @program.assign_attributes(program_params)
22 +   @program.registrant = current_staff_member
23 +   if @program.save
24 +     flash.notice = "プログラムを登録しました。"
25 +     redirect_to action: "index"
26 +   else
27 +     flash.now.alert = "入力に誤りがあります。"
28 +     render action: "new"
29 +   end
30 + end
31 +
32 + def update
33 +   @program = Program.find(params[:id])
34 +   @program.assign_attributes(program_params)
35 +   if @program.save
36 +     flash.notice = "プログラムを更新しました。"
37 +     redirect_to action: "index"
38 +   else
```

162

● 7-2 プログラム管理機能（3）

```
39 +        flash.now.alert = "入力に誤りがあります。"
40 +        render action: "edit"
41 +      end
42 +    end
43 +
44 +    private def program_params
45 +      params.require(:program).permit([
46 +        :title,
47 +        :application_start_date,
48 +        :application_start_hour,
49 +        :application_start_minute,
50 +        :application_end_date,
51 +        :application_end_hour,
52 +        :application_end_minute,
53 +        :min_number_of_participants,
54 +        :max_number_of_participants,
55 +        :description
56 +      ])
57 +    end
58  end
```

構造は、admin/staff_members コントローラの create アクションおよび update アクションとほぼ同じです。ただし、22 行目に注目してください。

```
@program.registrant = current_staff_member
```

各プログラムには必ず登録した職員を記録しなければならないので、このように記述しています。

■ Program モデル

次に、フォームから文字列として送られてくる日付、時間、分の値を DateTime オブジェクトに変換して、application_start_time 属性および application_end_time 属性にセットするコードを Program モデルに追加します。

リスト 7-12 app/models/program.rb

```
 :
31        self.application_end_minute = application_end_time.min
32      end
33    end
34 +
```

163

Chapter 7 複雑なフォーム

```
35 +    before_validation :set_application_start_time
36 +    before_validation :set_application_end_time
37 +
38 +    private def set_application_start_time
39 +      if t = application_start_date&.in_time_zone
40 +        self.application_start_time = t.advance(
41 +          hours: application_start_hour,
42 +          minutes: application_start_minute
43 +        )
44 +      end
45 +    end
46 +
47 +    private def set_application_end_time
48 +      if t = application_end_date&.in_time_zone
49 +        self.application_end_time = t.advance(
50 +          hours: application_end_hour,
51 +          minutes: application_end_minute
52 +        )
53 +      end
54 +    end
55  end
```

35-36 行をご覧ください。

```
    before_validation :set_application_start_time
    before_validation :set_application_end_time
```

ここまでに現れた用例では、クラスメソッド before_validation は常にすべてブロックを従えていましたが、ここでは引数にシンボルを与えています。この場合、このシンボルに対応するメソッドがバリデーションの前処理として実行されます。

1 番目のメソッド set_application_start_time は 38-45 行で定義されています。

```
    private def set_application_start_time
      if t = application_start_date&.in_time_zone
        self.application_start_time = t.advance(
          hours: application_start_hour,
          minutes: application_start_minute
        )
      end
    end
```

application_start_date の値が nil でなければ、Date オブジェクトの in_time_zone メソッドで日

164

● 7-2 プログラム管理機能（3）

時オブジェクト（ActiveSupport::TimeWithZone オブジェクト）に変換し、変数 t にセットします。そして、advance メソッドでその t を前に進めることにより、時と分をセットしています。

2 番目のメソッド set_application_end_time でもほぼ同様の処理が行われています。

■ 動作確認

まだバリデーションの仕組みを作っていませんが、この段階でいったん動作確認をしておきましょう。ブラウザでプログラムの新規登録フォームを開き、各入力フィールドに有効な値を入力して「登録」ボタンをクリックしてください。ページのヘッダ部分に「プログラムを登録しました。」というフラッシュメッセージが出ること、プログラムの件数が増えていること、申し込み開始日時と申し込み終了日時が正しく記録されていること、などを確認してください。同様に、プログラムの編集フォームからの更新処理が正しく機能することも確認してください。

7-2-2　バリデーション

プログラムの新規登録処理と更新処理にバリデーションの仕組みを導入します。

■ Program モデル

Program モデルにバリデーションを導入します。

リスト 7-13　app/models/program.rb

```
 :
47     private def set_application_end_time
48       if t = application_end_date&.in_time_zone
49         self.application_end_time = t.advance(
50           hours: application_end_hour,
51           minutes: application_end_minute
52         )
53       end
54     end
55 +
56 +   validates :title, presence: true, length: { maximum: 32 }
57 +   validates :description, presence: true, length: { maximum: 800 }
58 +   validates :application_start_time, date: {
59 +     after_or_equal_to: Time.zone.local(2000, 1, 1),
```

165

Chapter 7 複雑なフォーム

```
60 +       before: -> (obj) { 1.year.from_now },
61 +       allow_blank: true
62 +     }
63 +     validates :application_end_time, date: {
64 +       after: :application_start_time,
65 +       before: -> (obj) { obj.application_start_time.advance(days: 90) },
66 +       allow_blank: true,
67 +       if: -> (obj) { obj.application_start_time }
68 +     }
69 +     validate do
70 +       if min_number_of_participants && max_number_of_participants &&
71 +           min_number_of_participants > max_number_of_participants
72 +         errors.add(:max_number_of_participants, :less_than_min_number)
73 +       end
74 +     end
75  end
```

56 行目をご覧ください。

```
validates :title, presence: true, length: { maximum: 32 }
```

length タイプのバリデーションを用いて、文字数が 32 文字に収まっているかどうかを確認しています。

58-68 行では、date タイプのバリデーションを用いて application_start_time 属性と application_end_time 属性の値をチェックしています。これらの属性は日時型であり日付型ではありませんが、date タイプのバリデーションが利用可能です。

> date タイプのバリデーションは Rails 標準の機能ではなく、本編 Chapter 3 で導入した Gem パッケージ date_validator が提供する機能です。

67 行目をご覧ください。

```
if: -> (obj) { obj.application_start_time }
```

if オプションを用いて、バリデーションの実施条件を指定しています。Proc オブジェクトの戻り値が偽であれば、64-66 行で記述されている application_end_time 属性に対するバリデーションは行われません。Proc オブジェクトへの引数 obj は、この Program オブジェクト自身を指しています。つまり、申し込み開始日時がセットされていなければ、申し込み終了日時に関するバリデーションはスキップされます。

69-74 行では、min_number_of_participants 属性の値が max_number_of_participants 属性の値

● 7-2 プログラム管理機能（3）

よりも大きい場合にエラーを登録しています。

> min_number_of_participants 属性および max_number_of_participants 属性に関しては、その値が 1
> 以上 1,000 以下の整数であることも確認すべきです。これについては、章末演習問題の題材とします。

■ 翻訳ファイル

Program モデルに関するエラーメッセージを日本語で表示するため、翻訳ファイルを用意します。

リスト 7-14　config/locales/models/program.ja.yml (New)

```
 1  ja:
 2    activerecord:
 3      attributes:
 4        program:
 5          title: タイトル
 6          description: 詳細
 7          application_start_time: 申し込み開始日時
 8          application_start_date: 申し込み開始日
 9          application_end_time: 申し込み終了日時
10          application_end_date: 申し込み終了日
11          min_number_of_participants: 最小参加者数
12          max_number_of_participants: 最大参加者数
13      errors:
14        models:
15          program:
16            attributes:
17              application_start_time:
18                after_or_equal_to: には 2000 年 1 月 1 日以降の日付を指定してください。
19                before: には現在から 1 年後までの日時を指定してください。
20              application_end_time:
21                after: には申し込み開始日時よりも後の日時を指定してください。
22                before: には申し込み開始日時から 90 日以内の日時を指定してください。
23              max_number_of_participants:
24                less_than_min_number: には最小参加者数以上の数を指定してください。
```

新規の翻訳ファイルを追加したので、ここで Baukis2 の再起動が必要です。

■ プレゼンター

申し込み開始日時、申し込み終了日時、説明の各フィールドにエラーメッセージを表示するため、
ProgramFormPresenter クラスのソースコードを次のように書き換えます。

167

Chapter 7 複雑なフォーム

リスト 7-15　app/presenters/program_form_presenter.rb

```
 1    class ProgramFormPresenter < FormPresenter
 2      def description
 3        markup(:div) do |m|
 4          m << decorated_label(:description, "詳細", required: true)
 5          m << text_area(:description, rows: 6, style: "width: 454px")
 6          m.span " (800文字以内) ", class: "instruction", style: "float: right"
 7 +        m << error_messages_for(:description)
 8        end
 9      end
10
11      def datetime_field_block(name, label_text, options = {})
12        instruction = options.delete(:instruction)
13 +      if object.errors.include?("#{name}_time".to_sym)
14 +        html_class = "input-block with-errors"
15 +      else
16 +        html_class = "input-block"
17 +      end
18 -      markup(:div, class: "input-block") do |m|
18 +      markup(:div, class: html_class) do |m|
19        m << decorated_label("#{name}_date", label_text, options)
20        m << date_field("#{name}_date", options)
21        m << form_builder.select("#{name}_hour", ("00".."23").to_a)
22        m << ":"
23        m << form_builder.select("#{name}_minute", ("00".."59").to_a)
24        m.span " (#{instruction}) ", class: "instruction" if instruction
25 +      m << error_messages_for("#{name}_time".to_sym)
26 +      m << error_messages_for("#{name}_date".to_sym)
27      end
28    end
 :
```

13-18 行をご覧ください。

```
    if object.errors.include?("#{name}_time".to_sym)
      html_class = "input-block with-errors"
    else
      html_class = "input-block"
    end
    markup(:div, class: html_class) do |m|
```

引数 name には "application_start" あるいは "application_end" という文字列がセットされていますので、13 行目の include? メソッドの引数には :application_start_time または :application_end_time というシンボルが渡されます。すなわち application_start_time 属性または application_

● 7-2 プログラム管理機能（3）

end_time 属性にエラーが登録されているかどうかで、18 行目の div 要素の class 属性を切り替えています。

なぜこのようなことをしているかと言えば、こうしないとラベルの色や入力欄の背景色がエラーの状態を正しく反映しないからです。

申し込み開始日が現在から 1 年以上後の日付であった場合、application_start_time 属性にエラーが登録されます。しかし、申し込み開始日の入力欄の名前は application_start_date ですので、この input 要素の背景色がピンク色になりません。また、時間と分を選択するドロップダウンリストの背景色も変化しません。そのため、申し込み開始日の入力欄と 2 つのドロップダウンリスト全体を囲む div 要素の class 属性に "with-errors" という値を追加し、スタイルシートで色を変えられるようにしています。

■ スタイルシート

スタイルシートを修正します。

リスト 7-16　app/assets/stylesheets/staff/form.scss

```
  :
50        div.field_with_errors {
51          display: inline;
52          padding: 0;
53          label { color: $red; }
54          input, textarea { background-color: $pink; }
55        }
56 +      div.with-errors {
57 +        label { color: $red; }
58 +        input { background-color: $pink; }
59 +      }
60        div.error-message {
  :
```

■ 動作確認

では、動作確認をしましょう。適当なプログラムの編集フォームを開き、申し込み開始日に「2020-04-02」、申し込み終了日に「2020-04-01」、最小参加者数に「100」、最大参加者数に「50」と入力し、「更新」ボタンをクリックしてください。すると、図 7-3 のようにエラーメッセージがフォームに表示されます。

申し込み終了日が申し込み開始日よりも前であるため、また最大参加者数が最小参加者数よりも小

169

Chapter 7 複雑なフォーム

さいため、バリデーションエラーが発生しています。

図 7-3　エラーメッセージ

7-2-3　プログラムの削除

最後に、プログラムの削除機能を追加して、プログラム管理機能を完成させましょう。

リスト 7-17　app/controllers/staff/programs_controller.rb

```
   :
54       :max_number_of_participants,
55       :description
56     ])
```

170

```
57       end
58 +
59 +     def destroy
60 +       program = Program.find(params[:id])
61 +       program.destroy!
62 +       flash.notice = "プログラムを削除しました。"
63 +       redirect_to :staff_programs
64 +     end
65   end
```

プログラムの一覧表から適当なプログラムを選んで「削除」リンクをクリックし、そのプログラムが削除されることを確認してください。

7-3　プログラム申込者管理機能

この節では、「複雑なフォーム」のもうひとつ例として、プログラムへの申し込みのフラグを一括して変更する機能を作ります。

7-3-1　多数のオブジェクトを一括編集するフォーム

■ フォームの仕様

図 7-4 は、今回作成するフォームのビジュアルデザインです。15 人の顧客からプログラムに申し込みが行われていて、申込者の氏名が列挙されています。

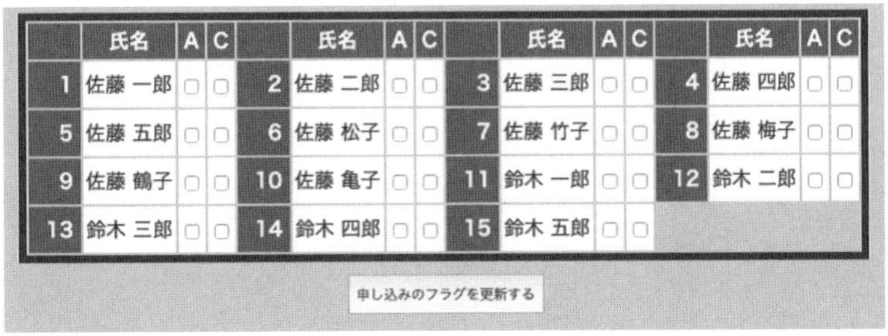

図 7-4　多数のオブジェクトを一括編集するフォーム

各氏名の右には「A」と「C」という見出しの付いた 2 つのチェックボックスがあります。「A」列のチェックボックスは申し込みが承認された（approved）かどうかを示すフラグ、「C」列のチェック

Chapter 7 複雑なフォーム

ボックスは申し込みがキャンセルされた（canceled）かどうかを示すフラグを編集するために設けてあります。

職員はこれらのチェックボックスをチェックしたりチェックを外したりして、表の下にある「申し込みのフラグを更新する」ボタンをクリックすると、すべての申し込みのフラグを一括して変更できます。

■ ERB テンプレートの本体と部分テンプレート

では、このビジュアルデザインを忠実に表現するビューを作りましょう。まず、staff/program#show アクションの ERB テンプレートを次のように書き換えます。

リスト 7-18 app/views/staff/programs/show.html.erb

```
21     <div class="description"><%= p.description %></div>
22 +
23 +   <%= render "entries_form" if @program.number_of_applicants > 0 %>
24  </div>
```

そして、app/views/staff/programs ディレクトリの下に新規ファイル _entries_form.html.erb を次の内容で作成してください。

リスト 7-19 app/views/staff/programs/_entries_form.html.erb (New)

```
1   <%
2   entries = @program.entries.includes(:customer).order("entries.id").to_a
3   cols = 4
4   rows = entries.size / cols
5   rows += 1 unless entries.size % cols == 0
6   %>
7   <table class="entries">
8     <tr>
9       <% cols.times do %>
10      <th></th>
11      <th>氏名</th>
12      <th>A</th>
13      <th>C</th>
14      <% end %>
15    </tr>
16    <% rows.times do |i| %>
17      <tr>
```

172

● 7-3 プログラム申込者管理機能

```
18        <% cols.times do |j| %>
19          <% index = i * cols + j %>
20          <% e = entries[index] || break %>
21          <%= markup(:div, class: "entry") do |m|
22            m.th index + 1
23            m.td e.customer.family_name + " " + e.customer.given_name
24            m.td do
25              attributes = { type: "checkbox" }
26              attributes[:checked] = "checked" if e.approved?
27              m.input attributes
28            end
29            m.td do
30              attributes = { type: "checkbox" }
31              attributes[:checked] = "checked" if e.canceled?
32              m.input attributes
33            end
34          end %>
35        <% end %>
36      </tr>
37    <% end %>
38  </table>
```

2-5 行で、この部分テンプレートで使用する各種ローカル変数に値をセットしています。

```
entries = @program.entries.includes(:customer).order("entries.id").to_a
cols = 4
rows = entries.size / cols
rows += 1 unless entries.size % cols == 0
```

変数 entries には Entry オブジェクトの配列がセットされます。列の数を示す変数 cols の値は 4 で固定です。ここでいう「列の数」とは、1 行に表示する申し込みの数のことです。

行の数を示す変数 rows は配列の要素数と変数 cols の値から計算されます。申し込み数を 4 で割り（小数点以下は切り下げ）、申込数が 4 で割り切れなければ 1 を加えます。

16-37 行で配列 entries から 1 つずつ Entry オブジェクトを取り出して、表の各セルを生成しています。19-20 行をご覧ください。

```
<% index = i * cols + j %>
<% e = entries[index] || break %>
```

変数 i には現在の行番号、変数 j には現在の列番号がセットされています。いずれも 0 が最初の番号です。i に列数をかけて j を加えると配列のインデックスになります。それを変数 index にセット

173

Chapter 7 複雑なフォーム

すれば、entries[index] で現在の Entry オブジェクトを取得できます。ただし、配列の数が 4 で割り切れない場合は、entries[index] が nil を返す場合があります。そのときは、break でループを抜けます。

次に 24-28 行をご覧ください。

```
m.td do
  attributes = { type: "checkbox" }
  attributes[:checked] = "checked" if e.approved?
  m.input attributes
end
```

「A」列のチェックボックスを含むセルを生成しています。25-26 行でハッシュ attributes に input 要素の属性をセットし、27 行で input 要素を生成しています。申し込みがすでに承認済みであれば、チェックボックスをチェックします。

さて、すでにお気づきかとは思いますが、この部分テンプレートで作るチェックボックスは form タグで囲まれていません。つまり、チェックボックスに設定された値がそのままフォームデータとして送信されません。事実、各チェックボックスには name 属性も value 属性もありません。

すぐあとで見るように、私たちは JavaScript プログラムでこれらのチェックボックスの状態を調べ、データを加工してフォームの隠しフィールドにセットし、加工されたデータをフォームからアクションに向けて送信します。

■ スタイルシート

app/assets/stylesheets/staff ディレクトリに新規ファイル entries.scss を作成します。

リスト 7-20　app/assets/stylesheets/staff/entries.scss (New)

```
 1  @import "colors";
 2  @import "dimensions";
 3
 4  div.table-wrapper {
 5    table.entries {
 6      tr:nth-child(1) {
 7        th { text-align: center; }
 8      }
 9      tr {
10        th:nth-child(4n+1) {
11          padding: $moderate; width: 30px; text-align: right;
```

```
12        }
13        td { background-color: $very_light_gray; }
14      }
15    }
16    div.button-wrapper {
17      margin: $wide;
18      text-align: center;
19      button { padding: $moderate; }
20    }
21  }
```

■ 表示確認

ブラウザで表示確認をします。プログラム一覧表示ページで申込件数が 15 のプログラムを探し、その「詳細」リンクをクリックすると、図 7-5 のような画面が表示されます。

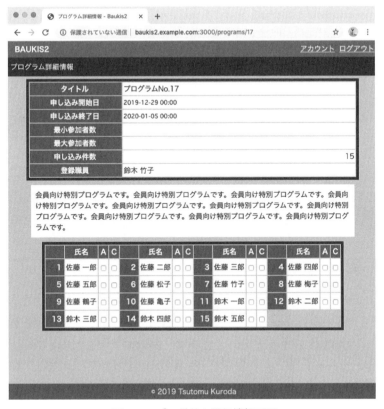

図 7-5　プログラム詳細情報画面

Chapter 7 複雑なフォーム

7-3-2　隠しフィールドと JavaScript プログラム

次に、申込者の一覧表の下に「申し込みのフラグを更新する」というボタンを設置します。このボタンは form タグで囲まれていて、form タグの内側には隠しフィールドが何個か埋め込まれています。職員がこのボタンをクリックすると、これら隠しフィールドの値がデータとしてアクションに送られます。各隠しフィールドの値は JavaScript プログラムによってセットされます。

■ ルーティング

「申し込みのフラグを更新する」ボタンで送信されるフォームデータを受けるアクションを config/routes.rb に追加します。

リスト 7-21　config/routes.rb

```
  :
 4      constraints host: config[:staff][:host] do
 5        namespace :staff, path: config[:staff][:path] do
 6          root "top#index"
 7          get "login" => "sessions#new", as: :login
 8          resource :session, only: [ :create, :destroy ]
 9          resource :account, except: [ :new, :create ]
10          resource :password, only: [ :show, :edit, :update ]
11          resources :customers
12 -        resources :programs
12 +        resources :programs do
13 +          resources :entries, only: [] do
14 +            patch :update_all, on: :collection
15 +          end
16 +        end
17        end
  :
```

programs リソースを定義する resources メソッドにブロックを加え、ブロックの中でリソース entries を定義しています。本編 Chapter 13 で解説した「ネストされたリソース」です。ただし、リソース entries を定義する resources メソッドの only オプションに空の配列が渡されているため、基本の 7 アクションは設定されません。その代わりに、PATCH でアクセスするための update_all アクションが設定されています。

この update_all アクションは、単独の Entry オブジェクトを書き換えるものではなく、複数個の Entry オブジェクトを一括更新します。そのため、on オプションに :collection が指定されていま

176

● 7-3 プログラム申込者管理機能

す。つまり、update_all アクションには対象オブジェクトを特定するためのパラメータ "id" が渡り
ません。

■ フォームオブジェクトの作成

次に申し込みリストのためのフォームオブジェクト Staff::EntriesForm を作成します。

リスト 7-22　app/forms/staff/entries_form.rb (New)

```
1  class Staff::EntriesForm
2    include ActiveModel::Model
3
4    attr_accessor :program, :approved, :not_approved, :canceled, :not_canceled
5
6    def initialize(program)
7      @program = program
8    end
9  end
```

Program オブジェクトを保持する program 属性の他に4つの属性が定義されています。これらの使
用目的については、後述します。

■ 部分テンプレートの修正

部分テンプレート _entries_form.html.erb を次のように修正します。

リスト 7-23　app/views/staff/programs/_entries_form.html.erb

```
   :
21          <%= markup(:div, class: "entry") do |m|
22            m.th index + 1
23            m.td e.customer.family_name + " " + e.customer.given_name
24            m.td do
25 -            attributes = { type: "checkbox" }
25 +            attributes = { type: "checkbox", class: "approved" }
26 +            attributes["data-entry-id"] = e.id
27              attributes[:checked] = "checked" if e.approved?
28              m.input attributes
29            end
30            m.td do
31 -            attributes = { type: "checkbox" }
```

177

Chapter 7 複雑なフォーム

```
31 +                attributes = { type: "checkbox", class: "canceled" }
32 +                attributes["data-entry-id"] = e.id
33                  attributes[:checked] = "checked" if e.canceled?
34                  m.input attributes
35              end
36          end %>
 :
```

input 要素に class 属性と date-entry-id 属性を追加しています。いずれも、後述する JavaScript プログラムが使用します。data-entry-id 属性には Entry オブジェクトの主キー（id）の値がセットされることを覚えておいてください。

さらに、同じ部分テンプレート _entries_form.html.erb の末尾を次のように修正します。

リスト 7-24　app/views/staff/programs/_entries_form.html.erb

```
 :
40    </table>
41 +
42 +  <div class="button-wrapper">
43 +    <%= form_with model: Staff::EntriesForm.new(@program), scope: "form",
44 +      url: [ :update_all, :staff, @program, :entries ],
45 +      html: { method: :patch } do |f|%>
46 +    <%= f.hidden_field :approved %>
47 +    <%= f.hidden_field :not_approved %>
48 +    <%= f.hidden_field :canceled %>
49 +    <%= f.hidden_field :not_canceled %>
50 +    <%= button_tag "申し込みのフラグを更新する", type: "button",
51 +      id: "update-entries-button" %>
52 +    <% end %>
53 +  </div>
```

フォームオブジェクト Staff::EntriesForm を用いてフォームを生成しています。4 つの隠しフィールドが埋め込まれています。フォームの下部にはヘルパーメソッド button_tag で button 要素を生成しています。

■ JavaScript プログラム

app/javascript/staff ディレクトリに、新規の JavaScript プログラム entries_form.js を次の内容で作成してください。

● 7-3 プログラム申込者管理機能

リスト 7-25　app/javascript/staff/entries_form.js (New)

```
 1  $(document).on("turbolinks:load", () => {
 2    $("div.button-wrapper").on("click", "button#update-entries-button", () => {
 3      approved = []
 4      not_approved = []
 5      canceled = []
 6      not_canceled = []
 7
 8      $("table.entries input.approved").each((index, elem) => {
 9        if ($(elem).prop("checked"))
10          approved.push($(elem).data("entry-id"))
11        else
12          not_approved.push($(elem).data("entry-id"))
13      })
14
15      $("#form_approved").val(approved.join(":"))
16      $("#form_not_approved").val(not_approved.join(":"))
17
18      $("table.entries input.canceled").each((index, elem) => {
19        if ($(elem).prop("checked"))
20          canceled.push($(elem).data("entry-id"))
21        else
22          not_canceled.push($(elem).data("entry-id"))
23      })
24
25      $("#form_canceled").val(canceled.join(":"))
26      $("#form_not_canceled").val(not_canceled.join(":"))
27
28      $("div.button-wrapper form").submit()
29    })
30  });
```

全体として「申し込みのフラグを更新する」ボタンがクリックされたときに実行すべき処理を記述しています。

8-13 行をご覧ください。

```
$("table.entries input.approved").each((index, elem) => {
  if ($(elem).prop("checked"))
    approved.push($(elem).data("entry-id"))
  else
    not_approved.push($(elem).data("entry-id"))
})
```

申し込みリストの表の内側にある input 要素（チェックボックス）のうち、class 属性に "approved"

179

Chapter 7 複雑なフォーム

という値を持つものをすべて選択し、each メソッドでループしています。$(elem) は個々の input 要素を指します。$(elem).prop("checked") はその input 要素がチェックされているかどうかを true または false で返します。

また、$(elem).data("entry-id") は input 要素の data-entry-id 属性の値を返します。これは各 Entry オブジェクトの主キー（id）の値です。そして、それを push メソッドで配列の末尾に追加します。

8-13 行の処理の結果、配列 approved には「A」列のチェックボックスがチェックしてある Entry オブジェクトの id 値が集められ、配列 not_approved には「A」列のチェックボックスがチェックされていない Entry オブジェクトの id 値が集められます。

次に、15-16 行をご覧ください。

```
$("#form_approved").val(approved.join(":"))
$("#form_not_approved").val(not_approved.join(":"))
```

$("#form_approved") は id 属性に "form_approved" という値を持つ要素を指します。該当する要素は 1 つしかありません。部分テンプレート _entries_form.html.erb の末尾に追加されたフォームにある最初の隠しフィールドです。val メソッドはフォームの入力フィールドに指定された値をセットします。approved.join(":") は、配列 approved のすべての要素をコロン（:）で連結してできる文字列を返します。すなわち最初の隠しフィールドには "1:2:5:8:10:13" のようなコロン区切りの数字列がセットされます。同様に、2 番目の隠しフィールドには、配列 not_approved に追加された Entry オブジェクトの id 値をコロン（:）で連結した文字列がセットされます。

18-26 行の処理は、8-16 行の処理と本質的には同じです。「C」列のチェックボックスの状態から、配列 canceled と配列 not_canceled を作り、要素をコロン（:）で連結して隠しフィールドにセットします。

最後に 28 行目をご覧ください。

```
$("div.button-wrapper form").submit()
```

これで 4 個の隠しフィールドを持つフォームからデータが送信されます。

そして、app/javascript/packs ディレクトリの staff.js を次のように書き換えてください。

180

リスト 7-26　app/javascript/packs/staff.js

```
  :
4   require("channels")
5
6   import "../staff/customer_form.js";
7 + import "../staff/entries_form.js";
```

■ 表示確認

ブラウザで表示確認をします。前回の表示確認と同様に、プログラム一覧表示ページで申込件数が 15 のプログラムを探し、その「詳細」リンクをクリックすると、図 7-6 のような画面が表示されます。

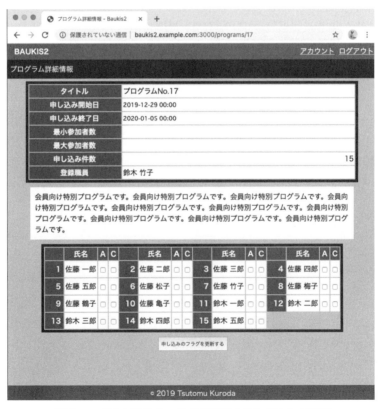

図 7-6　「申し込みのフラグを更新する」ボタンが出現

ページの下部に「申し込みのフラグを更新する」ボタンが現れました。

Chapter 7 複雑なフォーム

7-3-3　多数のオブジェクトの一括更新処理

では、4個の隠しフィールドにセットされた値を受け取る側を実装しましょう。まず、staff/entries コントローラの骨組みを作ります。

```
$ bin/rails g controller staff/entries
```

そして、update_all アクションを実装します。

リスト 7-27　app/controllers/staff/entries_controller.rb

```
 1 -  class Staff::EntriesController < ApplicationController
 1 +  class Staff::EntriesController < Staff::Base
 2 +    def update_all
 3 +      entries_form = Staff::EntriesForm.new(Program.find(params[:program_id]))
 4 +      entries_form.update_all(params)
 5 +      flash.notice = "プログラム申し込みのフラグを更新しました。"
 6 +      redirect_to :staff_programs
 7 +    end
 8    end
```

フォームから送られてくるパラメータをそのまま Staff::EntriesForm オブジェクトの update_all メソッドに渡しています。

フォームオブジェクト Staff::EntriesForm に update_all メソッドを追加します。

リスト 7-28　app/forms/staff/entries_form.rb

```
 :
 6      def initialize(program)
 7        @program = program
 8      end
 9 +
10 +    def update_all(params)
11 +      assign_attributes(params)
12 +      save
13 +    end
14 +
15 +    private def assign_attributes(params)
16 +      fp = params.require(:form).permit([
17 +        :approved, :not_approved, :canceled, :not_canceled
18 +      ])
```

182

● 7-3 プログラム申込者管理機能

```
19 +
20 +        @approved = fp[:approved]
21 +        @not_approved = fp[:not_approved]
22 +        @canceled = fp[:canceled]
23 +        @not_canceled = fp[:not_canceled]
24 +      end
25 +
26 +      private def save
27 +        approved_entry_ids = @approved.split(":").map(&:to_i)
28 +        not_approved_entry_ids = @not_approved.split(":").map(&:to_i)
29 +        canceled_entry_ids = @canceled.split(":").map(&:to_i)
30 +        not_canceled_entry_ids = @not_canceled.split(":").map(&:to_i)
31 +
32 +        ActiveRecord::Base.transaction do
33 +          @program.entries.where(id: approved_entry_ids)
34 +            .update_all(approved: true) if approved_entry_ids.present?
35 +          @program.entries.where(id: not_approved_entry_ids)
36 +            .update_all(approved: false) if not_approved_entry_ids.present?
37 +          @program.entries.where(id: canceled_entry_ids)
38 +            .update_all(canceled: true) if canceled_entry_ids.present?
39 +          @program.entries.where(id: not_canceled_entry_ids)
40 +            .update_all(canceled: false) if not_canceled_entry_ids.present?
41 +        end
42 +      end
43   end
```

27行目をご覧ください。

```
approved_entry_ids = @approved.split(":").map(&:to_i)
```

インスタンス変数 @approved の値は、"1:2:5:8:10:13" のようなコロン区切りの数字列です。それをコロン（":"）で分割して配列に変え、各要素を to_i メソッドで整数にしたものをローカル変数 approved_entry_ids にセットしています。28-30行の処理も、27行目の処理と本質的には同じです。

33-40行では4つのデータベース操作が行われています。それらはトランザクションとして実行されるので、4つの操作の一部だけが完了することはありません。

33-34行をご覧ください。

```
@program.entries.where(id: approved_entry_ids).
  update_all(approved: true) if approved_entry_ids.present?
```

式 @program.entries.where(id: approved_entry_ids) は、@program と関連付けられた Entry オ

183

Chapter 7 複雑なフォーム

ブジェクトのうち、主キーの値が配列 approved_entry_ids のいずれかの要素にマッチするものだけ
を選択します。そして、update_all メソッドで選択された Entry オブジェクトの approved 属性の値
を true に一括更新しています。35-40 行の処理も、33-34 行の処理と同じです。

　では、動作確認を行いましょう。プログラム一覧表示ページで申込件数が 15 のプログラムを探し
て、その詳細ページを開いてください。そして、申し込みリストのチェックボックスを適宜チェック
したりチェックを外したりして、「申し込みのフラグを更新する」ボタンをクリックしてください。す
ると、ページのヘッダに「プログラム申し込みのフラグを更新しました。」というフラッシュメッセー
ジが表示されるはずです。そして、もう一度同じプログラムの詳細ページを開き、各チェックボック
スの状態がさきほど変更した通りになることを確かめてください。

7-4　演習問題

問題 1

　Program モデルの min_number_of_participants 属性および max_number_of_participants 属性に
対し、1 以上 1000 以下の整数であることを確認するバリデーションを追加してください。ただし、こ
れらの属性には値が設定されない場合もある点に留意してください。

> 　数（整数や浮動小数点数）に関して型や値の範囲をチェックするには、numericality タイプのバリ
> デーションを使います。具体的な使い方については、https://api.rubyonrails.org/ で調べてください。左
> 上の検索ボックスに「validates_numericality_of」と入力すると、使用できるオプションの意味や使用例
> が表示されます。

問題 2

　すでに顧客からの申し込みがあるプログラムを削除しようとすると例外が発生するように Program
モデルのソースコード修正してください。

> 　Program モデルのソースコードの 2 行目でクラスメソッド has_many を用いて Entry モデルと関連付
> けています。現在、dependent オプションに :destroy というシンボルが指定されていますが、この値
> を変更します。
> 　どのような値が設定できるかを調べるには、https://api.rubyonrails.org/ の検索ボックスに「has_many」
> と入力してください。クラスメソッド has_many の説明の中にある「Options」セクションで、dependent
> オプションの使い方が詳しく説明されています。

問題 3

プログラムに対して顧客からの申し込みがあるときに false を返し、ないときに true を返すメソッド deletable? を Program モデルに追加してください。

問題 4

すでに顧客からの申し込みがあるプログラムについては職員が削除しようとした場合に「このプログラムは削除できません。」という警告がフラッシュメッセージとして表示されるように、staff/programs#destroy アクションのコードを修正してください。

Chapter 8
トランザクションと排他的ロック

Chapter 8 では、データベース処理の中でも特に繊細な取り扱いを要する領域、トランザクションと排他的ロックについて学びます。主題は、データベースの一貫性です。どのようにしてデータに不整合が発生するのでしょうか。それを防ぐにはどうすればいいのでしょうか。

8-1　プログラム一覧表示・詳細表示機能（顧客向け）

この節では、Baukis2 の顧客向けサイトにプログラムの一覧表示・詳細表示機能を追加します。基本的には 6-2 節で説明したことの繰り返しですので、細かい説明は省略します。本章のテーマである「トランザクションとロック」の話は、次の節から始まります。

8-1-1　ルーティング

ルーティングの設定を次のように変更します。

リスト 8-1　config/routes.rb

```
 :
35     constraints host: config[:customer][:host] do
36       namespace :customer, path: config[:customer][:path] do
37         root "top#index"
```

186

● 8-1 プログラム一覧表示・詳細表示機能（顧客向け）

```
38        get "login" => "sessions#new", as: :login
39        resource :session, only: [ :create, :destroy ]
40 +      resources :programs, only: [ :index, :show ]
41      end
42    end
43  end
```

customer/programs コントローラにはプログラムの一覧表示をする index アクションとプログラム
の詳細表示をする show アクションのみを作ります。

8-1-2 顧客トップページの修正

顧客トップページに「プログラム一覧」リンクを設置します。まず、customer/top#index アクショ
ンを次のように書き換えてください。

リスト 8-2 app/controllers/customer/top_controller.rb

```
1  class Customer::TopController < Customer::Base
2    skip_before_action :authorize
3
4    def index
5 -    render action: "index"
5 +    if current_customer
6 +      render action: "dashboard"
7 +    else
8 +      render action: "index"
9 +    end
10   end
11 end
```

そして、顧客のダッシュボードページの ERB テンプレートを作成します。

リスト 8-3 app/views/customer/top/dashboard.html.erb (New)

```
1  <% @title = "ダッシュボード" %>
2  <h1><%= @title %></h1>
3
4  <ul class="menu">
5    <li><%= link_to "プログラム一覧", :customer_programs %></li>
6  </ul>
```

187

Chapter 8 トランザクションと排他的ロック

8-1-3 プログラムの一覧と詳細

続いて、顧客がプログラムの一覧および詳細情報を閲覧する機能を作ります。

■ index アクションと show アクション

customer/programs コントローラの骨組みを生成します。

```
$ bin/rails g controller customer/programs
```

index アクションと show アクションを追加します。

リスト 8-4　app/controllers/customer/programs_controller.rb

```
 1 -  class Customer::ProgramsController < ApplicationController
 1 +  class Customer::ProgramsController < Customer::Base
 2 +    def index
 3 +      @programs = Program.published.page(params[:page])
 4 +    end
 5 +
 6 +    def show
 7 +      @program = Program.published.find(params[:id])
 8 +    end
 9    end
```

■ Program モデル

Program モデルに published スコープを定義します。

リスト 8-5　app/models/program.rb

```
  :
 6      scope :listing, -> {
 7        left_joins(:entries)
 8          .select("programs.*, COUNT(entries.id) AS number_of_applicants")
 9          .group("programs.id")
10          .order(application_start_time: :desc)
11          .includes(:registrant)
12      }
13 +    scope :published, -> {
```

188

● 8-1 プログラム一覧表示・詳細表示機能（顧客向け）

```
14 +      where("application_start_time <= ?", Time.current)
15 +        .order(application_start_time: :desc)
16 +    }
17
18      attribute :application_start_date, :date, default: Date.today
 :
```

スコープという概念については、6.3.2「スコープの定義」を参照してください。

■ index アクションの ERB テンプレート

customer/programs#index アクションの ERB テンプレートを作成します。

リスト 8-6　app/views/customer/programs/index.html.erb (New)

```
 1  <% @title = "プログラム一覧" %>
 2  <h1><%= @title %></h1>
 3
 4  <div class="table-wrapper">
 5    <%= paginate @programs %>
 6
 7    <table class="listing">
 8      <tr>
 9        <th>タイトル</th>
10        <th>申し込み開始日時</th>
11        <th>申し込み終了日時</th>
12        <th>最小参加者数</th>
13        <th>最大参加者数</th>
14        <th>アクション</th>
15      </tr>
16      <%= render partial: "program", collection: @programs %>
17    </table>
18
19    <%= paginate @programs %>
20  </div>
```

表の各行を生成する部分テンプレートを作成します。

Chapter 8　トランザクションと排他的ロック

リスト 8-7　app/views/customer/programs/_program.html.erb (New)

```
1  <% p = ProgramPresenter.new(program, self) %>
2  <tr>
3    <td><%= p.title %></td>
4    <td class="date"><%= p.application_start_time %></td>
5    <td class="date"><%= p.application_end_time %></td>
6    <td class="numeric"><%= p.min_number_of_participants %></td>
7    <td class="numeric"><%= p.max_number_of_participants %></td>
8    <td class="actions"><%= link_to("詳細", [ :customer, program ]) %></td>
9  </tr>
```

■ show アクションの ERB テンプレート

customer/programs#show アクションの ERB テンプレートを作成します。

リスト 8-8　app/views/customer/programs/show.html.erb (New)

```
1  <% @title = "プログラム詳細情報" %>
2  <h1><%= @title %></h1>
3
4  <div class="table-wrapper">
5    <% p = ProgramPresenter.new(@program, self) %>
6    <table class="attributes">
7      <tr><th>タイトル</th><td><%= p.title %></td></tr>
8      <tr><th>申し込み開始日時</th>
9        <td class="date"><%= p.application_start_time %></td></tr>
10     <tr><th>申し込み終了日時</th>
11       <td class="date"><%= p.application_end_time %></td></tr>
12     <tr><th>最小参加者数</th>
13       <td class="numeric"><%= p.min_number_of_participants %></td></tr>
14     <tr><th>最大参加者数</th>
15       <td class="numeric"><%= p.max_number_of_participants %></td></tr>
16   </table>
17
18   <div class="description"><%= p.description %></div>
19 </div>
```

190

● 8-1 プログラム一覧表示・詳細表示機能（顧客向け）

■ スタイルシート

職員向けの各種スタイルシートを顧客向けのディレクトリにコピーします。

```
$ pushd app/assets/stylesheets
$ cp staff/tables.scss customer/
$ cp staff/pagination.scss customer/
$ cp staff/divs_and_spans.scss customer/
$ popd
```

app/assets/stylesheets/customer/tables.scss に含まれる cyan を yellow で置き換えてください。

リスト 8-9　app/assets/stylesheets/customer/tables.scss

```
 :
15 -     border: solid $moderate $very_dark_cyan;
15 +     border: solid $moderate $very_dark_yellow;
 :
```

■ 表示確認

　ブラウザで Baukis2 の顧客向けサイトに加藤亀子さんとしてログインし、「プログラム一覧」リンクをクリックすると、図 8-1 のような画面が表示されます。

　加藤亀子さんのメールアドレスは「kato.kameko@example.jp」、パスワードは「password」です。

　続いて、表の 1 行目の「アクション」列にある「詳細」リンクをクリックすると、図 8-2 のような画面が表示されます。

Chapter 8 トランザクションと排他的ロック

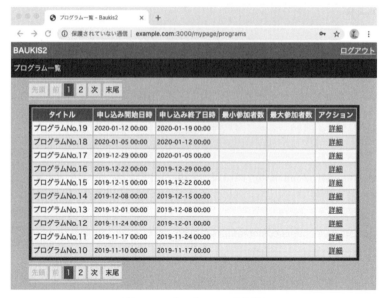

図 8-1　プログラム一覧画面

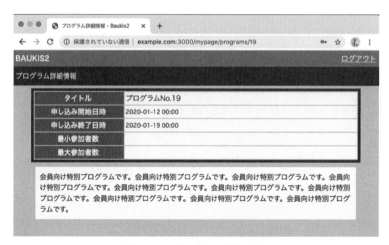

図 8-2　プログラム詳細画面

8-2　プログラム申し込み機能

並列的に走る複数のプロセスが同一のテーブルに変更を加えようとするとき、処理の順序によっては意図せざる結果を招きます。この節では、排他的ロックという仕組みを利用してデータの不整合を防止する方法を解説します。

● 8-2 プログラム申し込み機能

8-2-1　仕様の確認

Chapter 6 から作ってきたプログラム管理機能の仕上げとして、顧客がプログラムに申し込みを行う機能をこれから作成します。Chapter 6 の冒頭で説明したプログラム管理機能の仕様のうち「申し込み」に関するものは以下の 5 点にまとめられます。

1. 申し込み開始日時から申し込み終了日時まで、申し込みを受け付ける。
2. プログラムへの申込者が最大参加者数に達すると、新たな申し込みはできない。
3. プログラムには最大参加者数が設定されていない場合もある。
4. 顧客は複数のプログラムに申し込めるが、1 つのプログラムには 1 回しか申し込めない。
5. 顧客は申し込みをキャンセルできるが、キャンセル後は同一のプログラムに申し込むことはできない。

本節のテーマである「排他制御」との関連で注意を要するのは、2 番目の仕様です。最大参加者数までの残りが 1 のときに、2 名の顧客 A と B がほぼ同時に申し込みを行っても申込数が超過しないようにしなければなりません。

8-2-2　「申し込む」ボタンの設置

まず、顧客向けのプログラム詳細表示ページに「申し込む」ボタンを設置するところまで進みます。

■ ルーティング

ルーティングの設定を次のように書き換えてください。

リスト 8-10　config/routes.rb

```
      :
35    constraints host: config[:customer][:host] do
36      namespace :customer, path: config[:customer][:path] do
37        root "top#index"
38        get "login" => "sessions#new", as: :login
39        resource :session, only: [ :create, :destroy ]
40 -      resources :programs, only: [ :index, :show ]
40 +      resources :programs, only: [ :index, :show ] do
41 +        resource :entry, only: [ :create ] do
```

193

Chapter 8 トランザクションと排他的ロック

```
42 +                patch :cancel
43 +            end
44 +          end
45        end
46      end
47    end
```

　リソース programs にネストされた単数リソース entry を定義しています。顧客とプログラムが特定された文脈において、それらと関連付けられた Entry オブジェクトは 0 個または 1 個しか存在しないので、id パラメータなしで取得できます。そのため単数リソースとして定義します。

　customer/entries コントローラには create アクションと cancel アクションを作ります。前者ではプログラムへの申し込みを行い、後者ではプログラムへの申し込みを取り消します。この 2 つのアクションの HTTP メソッドと URL パスのパターンは次のようになります。

: create

　POST /customer/programs/:program_id/entry

: cancel

　PATCH /customer/programs/:program_id/entry/cancel

■ show アクションの ERB テンプレートの書き換え

　customer/programs#show アクションの ERB テンプレートを次のように書き換えます。

リスト 8-11　app/views/customer/programs/show.html.erb

```
 :
18      <div class="description"><%= @program.description %></div>
19 +
20 +    <div><%= p.apply_or_cancel_button %></div>
21    </div>
```

■ プレゼンターの拡張

　ProgramPresenter クラスに apply_or_cancel_button メソッドを追加します。

194

● 8-2 プログラム申し込み機能

リスト 8-12   app/presenters/program_presenter.rb

```ruby
 1    class ProgramPresenter < ModelPresenter
 2      delegate :title, :description, to: :object
 3 -    delegate :number_with_delimiter, to: :view_context
 3 +    delegate :number_with_delimiter, :button_to, to: :view_context
 :
29      def registrant
30        object.registrant.family_name + " " + object.registrant.given_name
31      end
32 +
33 +    def apply_or_cancel_button
34 +      if false
35 +        # TODO: キャンセルボタンの表示
36 +      else
37 +        status = program_status
38 +        button_to button_label_text(status), [ :customer, object, :entry ],
39 +          disabled: status != :available, method: :post,
40 +          data: { confirm: "本当に申し込みますか？" }
41 +      end
42 +    end
43 +
44 +    private def program_status
45 +      if object.application_end_time.try(:<, Time.current)
46 +        :closed
47 +      elsif object.max_number_of_participants.try(:<=, object.applicants.count)
48 +        :full
49 +      else
50 +        :available
51 +      end
52 +    end
53 +
54 +    private def button_label_text(status)
55 +      case status
56 +      when :closed
57 +        "募集終了"
58 +      when :full
59 +        "満員"
60 +      else
61 +        "申し込む"
62 +      end
63 +    end
64    end
```

apply_or_cancel_button メソッドは、ボタン 1 個だけを持つ HTML フォームを生成します。フォームデータの送信先とボタンのラベルテキストは、顧客がすでにこのプログラムに申し込んでいるかど

195

うかで変化します。プログラムに申し込み済みの場合の実装は後回しにします。

ヘルパーメソッド `button_to` の使い方は `link_to` メソッドに準じます。`disabled` オプションに `true` を与えると、ボタンが無効（文字がグレーになり、クリックしても無反応）になります。

プライベートメソッド `program_status` は、プログラムの申し込み終了日時が設定されていて、それが現在時刻よりも前であれば `:closed` を返し、プログラムの最大参加者数が設定されていて、それが現時点でも申込者数以下であれば `:full` を返し、さもなくば `:available` を返します。

プライベートメソッド `button_label_text` は、メソッド `program_status` が返すシンボルに応じて3種類の文字列を返します。

■ 表示確認

さきほど表示したプログラムの詳細ページをブラウザでもう一度開き、図8-3のように画面左下にボタンが表示されることを確認してください。

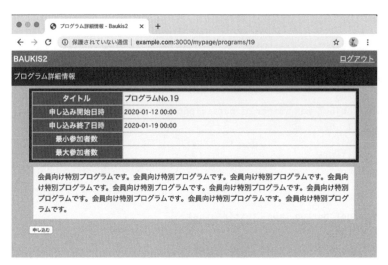

図8-3　申し込みボタンが表示された

8-2-3　申し込みを受け付ける

続いて、顧客が「申し込む」ボタンをクリックした後の機能を作りましょう。

● 8-2 プログラム申し込み機能

■ 最低限の実装

customer/entries コントローラの骨組みを作ります。

```
$ bin/rails g controller customer/entries
```

customer/entries#create アクションを実装します。

リスト 8-13   app/controllers/customer/entries_controller.rb

```
 1 -  class Customer::EntriesController < ApplicationController
 1 +  class Customer::EntriesController < Customer::Base
 2 +    def create
 3 +      program = Program.published.find(params[:program_id])
 4 +      program.entries.create!(customer: current_customer)
 5 +      flash.notice = "プログラムに申し込みました。"
 6 +      redirect_to [ :customer, program ]
 7 +    end
 8   end
```

アクションの中では、指定されたプログラムとログイン中の顧客（current_customer）を連結する
レコードを entries テーブルに挿入し、customer/programs#show アクションに戻る、という処理を
行っています。

プログラムへの申込数が最大参加者数未満であることを確かめていませんが、これでいちおう動き
ます。Baukis2 の顧客向けページに加藤亀子さんとしてログインした状態で、「プログラム No.19」の
詳細ページを開いて「申し込む」ボタンをクリックしてみましょう。ページのヘッダ部分に「プログ
ラムに申し込みました。」というメッセージが表示されます。

そして、ブラウザをもう 1 つ開いて（あるいは、ブラウザのタブをもう 1 つ開いて）職員として
Baukis2 にログインし、「プログラム No.19」の詳細情報ページを表示してください。すると、加藤亀
子さんが申込者一覧に加わっているはずです。

■ 最大参加者数の超過チェック

次に、プログラムへの申込数が最大参加者数に達したら、申し込みを受け付けないように create ア
クションを書き換えます。

197

Chapter 8　トランザクションと排他的ロック

リスト 8-14　app/controllers/customer/entries_controller.rb

```
 1  class Customer::EntriesController < Customer::Base
 2    def create
 3      program = Program.published.find(params[:program_id])
 4 -    program.entries.create!(customer: current_customer)
 5 -    flash.notice = "プログラムに申し込みました。"
 4 +    if max = program.max_number_of_participants
 5 +      if program.entries.where(canceled: false).count < max
 6 +        program.entries.create!(customer: current_customer)
 7 +        flash.notice = "プログラムに申し込みました。"
 8 +      else
 9 +        flash.alert = "プログラムへの申込者数が上限に達しました。"
10 +      end
11 +    else
12 +      program.entries.create!(customer: current_customer)
13 +      flash.notice = "プログラムに申し込みました。"
14 +    end
15      redirect_to [ :customer, program ]
16    end
17  end
```

　最大参加者数が設定されていないプログラムの場合は、これまでと変わりません。設定されている場合は、現在の参加者数が最大参加者数よりも少ないときだけ、プログラムへの申し込みを受け付けます。

　動作確認は以下の要領で行ってください。まず、顧客サイトからログアウトして「加藤鶴子」さん（メールアドレスは「kato.tsuruko@example.jp」、パスワードは「password」）としてログインし直します。そして、「プログラム No.19」の詳細ページを開き、そのままの状態を保ちます。

　別のブラウザで職員として「プログラム No.19」の最大参加者数を 6 にセットします。これでこのプログラムは満員です。そして、顧客サイトを開いているブラウザに戻り、「申し込む」ボタンをクリックします。このとき「プログラムへの申込者数が上限に達しました。」というフラッシュメッセージが表示され、ボタン上のラベルテキストが「満員」に変化すれば OK です。

■ サービスオブジェクトに機能を抽出する

　create アクションのソースコードが長く複雑になってきましたので、サービスオブジェクトを新たに作成して、それに create アクションの機能の一部を抽出することにしましょう。app/services/customer ディレクトリに、新規ファイル entry_acceptor.rb を次のような内容で作成してください。

● 8-2 プログラム申し込み機能

リスト 8-15 app/services/customer/entry_acceptor.rb (New)

```ruby
1  class Customer::EntryAcceptor
2    def initialize(customer)
3      @customer = customer
4    end
5
6    def accept(program)
7      if max = program.max_number_of_participants
8        if program.entries.where(canceled: false).count < max
9          program.entries.create!(customer: @customer)
10         return :accepted
11       else
12         return :full
13       end
14     else
15       program.entries.create!(customer: @customer)
16       return :accepted
17     end
18   end
19 end
```

create アクションの機能の大半を、Customer::EntryAcceptor クラスの accept メソッドに移しました。メソッドからの戻り値としては、申し込みを受け付けた場合はシンボル :accepted、申込者数超過で受け付けられなかった場合はシンボル :full を返します。

このサービスオブジェクトを用いて create アクションを書き換えると次のようになります。

リスト 8-16 app/controllers/customer/entries_controller.rb

```ruby
1    class Customer::EntriesController < Customer::Base
2      def create
3        program = Program.published.find(params[:program_id])
4  -     if max = program.max_number_of_participants
5  -       if program.entries.where(canceled: false).count < max
6  -         program.entries.create!(customer: current_customer)
7  -         flash.notice = "プログラムに申し込みました。"
8  -       else
9  -         flash.alert = "プログラムへの申込者数が上限に達しました。"
10 -       end
11 -     else
12 -       program.entries.create!(customer: current_customer)
13 -       flash.notice = "プログラムに申し込みました。"
14 -     end
4  +     case Customer::EntryAcceptor.new(current_customer).accept(program)
```

199

Chapter 8　トランザクションと排他的ロック

```
 5 +      when :accepted
 6 +        flash.notice = "プログラムに申し込みました。"
 7 +      when :full
 8 +        flash.alert = "プログラムへの申込者数が上限に達しました。"
 9 +      end
10        redirect_to [ :customer, program ]
11      end
12    end
```

8-3　排他制御

一般に Web アプリケーションは同時に複数のユーザーからのアクセスを受け付けるため、レースコンディションと呼ばれる問題が発生しやすくなります。この問題を解決するためには排他制御という仕組みを導入する必要があります。

8-3-1　レースコンディション

Customer::EntryAcceptor クラスのソースコードの 8-9 行をご覧ください。

```
if program.entries.where(canceled: false).count < max
  program.entries.create!(customer: @customer)
```

申込数が上限に達していなければ、ここでデータベースに対して次のような目的のクエリが順に発行されることになります。

1. プログラムへの現在の申込数を取得する。
2. entries テーブルにレコードを挿入する。

いま、あるプログラム P の申込数が上限よりも 1 だけ少ない状態で、二人の顧客 A と B がほぼ同時に P に申し込みを行ったとします。顧客 A のための処理の開始がほんの一瞬だけ早かったとすると、たいていは表 8-1 のように事態は進行するはずです。

200

● 8-3 排他制御

表 8-1　顧客 B の申し込みが拒否される場合

	顧客 A のための処理	顧客 B のための処理
①	プログラムへの現在の申込数を取得	
②	entries テーブルにレコードを挿入	
③		プログラムへの現在の申込数を取得

　②で顧客 A の申し込みが受理されて、申し込みが上限に達します。そして、③で顧客 B の申し込みは拒否され、顧客 B のブラウザに「プログラムへの申込者数が上限に達しました。」という残念なメッセージが表示されます。

　しかし、表 8-2 のように事態が進む可能性もあります。

表 8-2　顧客 B の申し込みが拒否されない場合

	顧客 A のための処理	顧客 B のための処理
①	プログラムへの現在の申込数を取得	
②		プログラムへの現在の申込数を取得
③	entries テーブルにレコードを挿入	
④		entries テーブルにレコードを挿入

　なぜなら、実運用環境における Rails アプリケーションはマルチプロセスあるいはマルチスレッドで動作しており、複数のアクションが並列で実行されるからです。

　この場合、想定外のことが発生します。②で顧客 B が申し込めるかどうかをチェックした段階では、まだ 1 件分余裕があるので、顧客 B の申し込みは拒否されません。そして、③と④で順に顧客 A と顧客 B からの申し込みが受理されます。その結果、申込数が 1 件超過してしまうのです。

　こういうことは滅多に起きないように思われるかもしれませんが、そうとも限りません。何かのきっかけで申し込みが殺到すれば容易に発生します。また、滅多に起きないバグは発見されにくいため、かえって厄介であるとも言えます。

　上記のように、並列で走る複数の処理の結果が、順序やタイミングによって想定外の結果をもたらすことをレースコンディション（race condition）と呼びます。

8-3-2　排他的ロック

　データベース処理におけるレースコンディションは、排他的ロックをうまく利用することで解決できます。EntryAcceptor#accept メソッドのコードを次のように書き換えてください。

Chapter 8 トランザクションと排他的ロック

リスト 8-17　app/services/customer/entry_acceptor.rb

```
   :
 6     def accept(program)
 7 -     if max = program.max_number_of_participants
 8 -       if program.entries.where(canceled: false).count < max
 9 -         program.entries.create!(customer: @customer)
10 -         return :accepted
11 -       else
12 -         return :full
13 -       end
14 -     else
15 -       program.entries.create!(customer: @customer)
16 -       return :accepted
17 -     end
 7 +     ActiveRecord::Base.transaction do
 8 +       program.lock!
 9 +       if max = program.max_number_of_participants
10 +         if program.entries.where(canceled: false).count < max
11 +           program.entries.create!(customer: @customer)
12 +           return :accepted
13 +         else
14 +           return :full
15 +         end
16 +       else
17 +         program.entries.create!(customer: @customer)
18 +         return :accepted
19 +       end
20 +     end
21     end
22   end
```

　メソッド全体を ActiveRecord::Base.transaction ブロックで囲んでトランザクションとし、トラ
ンザクションの冒頭で program.lock!を実行しています。モデルオブジェクトのインスタンスメソッ
ド lock!は、そのオブジェクトが指すテーブルレコードに対して排他的ロックを取得します。なお、排
他的ロックをするにはすでにトランザクションが開始されている必要があります。

　いまあるセッション A がトランザクションを開始し、あるテーブル X の特定のレコード R に対す
る排他的ロックを取得したとします。

　以後、「セッション（session）」という言葉を、データベース管理システム（DBMS）への「接続
（connection）」とほぼ同義で使用します。Rails 用語のセッション（ユーザーのログイン状態を示す概
念）とは意味が異なりますので、注意してください。

　すると、セッション A がトランザクションを終了するまで、他のセッションは R に対する排他的

202

ロックを取得できません。

つまり、顧客 A と B がほぼ同時にあるプログラムへの申し込みを行い、顧客 A のための処理で EntryAcceptor#accept メソッドが一瞬早く呼び出された場合、顧客 B のための処理は program.lock! のところで待たされます。顧客 A の申し込みが受理されるまで、顧客 B のための処理は program.lock! から先に進めません。これで、レースコンディションは解決です。

私たちは排他制御が機能していることをどのように確かめればよいのでしょうか。RSpec のエグザンプルを書いて確かめるべきところですが、並列処理が絡んだテストは非常に複雑で、本書のレベルを超えます。このテーマについて興味のある方は、脚注の URL を参照してください*1。

Column　排他的ロックと外部キー制約

　EntryAcceptor#accept メソッドの排他制御は、programs テーブルの特定のレコード R に対する排他的ロックを複数のセッションが同時に取得できないという事実に依拠しています。しかし、Baukis2 の別の場所に R への排他的ロックを取得せず、entries テーブルに R を参照するレコードを挿入するような処理が書かれていたらどうなるでしょうか。この挿入処理をブロックできないのでしょうか。

　結論から言えば、ブロックできます。ただし、正しく外部キー制約を設定している場合に限ります。テーブル X とテーブル Y が外部キー制約付きで関連付けられているとき、あるセッション A がテーブル X のレコード R の排他的ロックを取得すると、セッション A のトランザクションが終了するまで他のセッションは R を参照するレコードをテーブル Y に挿入することができません。

　Baukis2 の例で言えば、programs テーブルと entries テーブルは外部キー制約付きで関連付けられています。entries テーブルの各レコードが programs テーブルの特定のレコードを参照しています。

　あるセッション A が特定のプログラムの排他的ロックを取得すると、セッション A のトランザクションが終了するまで、他のセッションはそのプログラムとある顧客を結び付けるような Entry オブジェクトを作ることができません。

8-4　プログラム申し込み機能の仕上げ

　レースコンディションを解決したことで、プログラム申し込み機能はほぼ完成しました。申し込み期間と二重申し込みをチェックする機能と申し込みを取り消す機能を加えて仕

---

*1　https://hairoftheyak.com/posts/testing-concurrency-in-rails/

Chapter 8　トランザクションと排他的ロック

上げとしましょう。

8-4-1　申し込み終了日時のチェック

申し込み終了日時を過ぎたプログラムに関しては、プログラム詳細ページに無効化された「募集終了」ボタンが表示されるため、普通は申し込めません。しかし、申し込み終了日時間際のプログラムでは、顧客が詳細ページを開いた瞬間からボタンを押す瞬間の間に期限が切れる可能性があります。その場合、申し込みを拒否しなければなりません。

そこで、Customer::EntryAcceptor#accept のコードを次のように書き換えます。

リスト 8-18　app/services/customer/entry_acceptor.rb

```
  :
  6      def accept(program_id)
  7 +      return :closed if Time.current >= program.application_end_time
  8        ActiveRecord::Base.transaction do
  9          program.lock!
  :
```

また、これに合わせて customer/entries#create アクションのコードを書き換えます。

リスト 8-19　app/controllers/customer/entries_controller.rb

```
   :
   4        case Customer::EntryAcceptor.new(current_customer).accept(program)
   5        when :accepted
   6          flash.notice = "プログラムに申し込みました。"
   7        when :full
   8          flash.alert = "プログラムへの申込者数が上限に達しました。"
   9 +      when :closed
  10 +        flash.alert = "プログラムの申し込み期間が終了しました。"
  11        end
   :
```

204

● 8-4 プログラム申し込み機能の仕上げ

8-4-2 　申し込み開始日時のチェック

申し込み開始日時を迎えていないプログラムは顧客には存在自体が見えないので、そのようなプログラムへの申し込みが行われることは論理的にありえません。しかし、将来 Baukis2 に加えられる変更（バグ）によって、申し込み開始前のプログラムが顧客に見えてしまう可能性はありますので、その芽を摘んでおきましょう。

`Customer::EntryAcceptor#accept` のコードを次のように書き換えます。

リスト 8-20　app/services/customer/entry_acceptor.rb

```
 :
 6      def accept(program_id)
 7 +      raise if Time.current < program.application_start_time
 8        return :closed if Time.current >= program.application_end_time
 9        ActiveRecord::Base.transaction do
10          program.lock!
 :
```

論理的にありえない事態なので、例外を発生させています。

`customer/entries#create` アクションの1行目で、`Program.published.find(params[:program_id])` のように published スコープを付けて該当するプログラムを検索しているので、アクション側で申し込み開始日時のチェックは済んでいるとも言えます。しかし、サービスオブジェクトはコントローラから独立した存在として、それ自体でデータの整合性を保てるように実装すべきです。

8-4-3 　二重申し込みのチェック

次に、顧客が同じプログラムに2回以上申し込めないようにする制限を追加します。二重申し込みは十分にありえる事態です。顧客が「申し込み」ボタンをクリックした後、なかなかレスポンスが返ってこないなどの理由でいったん接続を切って、もう一度「申し込み」ボタンをクリックすることがあります。

そこで、`Customer::EntryAcceptor#accept` メソッドのコードを次のように書き換えます。

リスト 8-21　app/services/customer/entry_acceptor.rb

```
 :
 6      def accept(program_id)
```

205

Chapter 8 トランザクションと排他的ロック

```
 7      raise if Time.current < program.application_start_time
 8      return :closed if Time.current >= program.application_end_time
 9      ActiveRecord::Base.transaction do
10        program.lock!
11 -      if max = program.max_number_of_participants
11 +      if program.entries.where(customer_id: @customer.id).exists?
12 +        return :accepted
13 +      elsif max = program.max_number_of_participants
14          if program.entries.where(canceled: false).count < max
15            program.entries.create!(customer: @customer)
 :
```

申し込み終了日時のチェックとは違って、メソッドの戻り値は :accepted にしています。

ところで、二重申し込みのチェックをトランザクションの内側で記述しているのはなぜでしょうか。それは、ここにもレースコンディションの芽が存在するからです。ある顧客が間髪入れずに 2 回連続して同一のプログラムに申し込んだ場合、排他的ロックを取得してから二重申し込みのチェックをしないと、判定を間違える可能性があります。

8-4-4 申し込みのキャンセル

最後に、顧客がプログラムへの申し込みを取り消す機能を作成します。

まず、ProgramPresenter クラスのソースコードを次のように書き換えてください。

リスト 8-22 app/presenters/program_presenter.rb

```
 1  class ProgramPresenter < ModelPresenter
 2    delegate :title, :description, to: :object
 3 -  delegate :number_with_delimiter, :button_to, to: :view_context
 3 +  delegate :number_with_delimiter, :button_to, :current_customer,
 4 +    to: :view_context
 5
 6    def application_start_time
 7      object.application_start_time.strftime("%Y-%m-%d %H:%M")
 8    end
 :
34    def apply_or_cancel_button
35 -    if false
35 +    if entry = object.entries.find_by(customer_id: current_customer.id)
36 +      status = cancellation_status(entry)
37 +      button_to cancel_button_label_text(status),
```

206

● 8-4 プログラム申し込み機能の仕上げ

```
38 +          [ :cancel, :customer, object, :entry ],
39 +          disabled: status != :cancellable, method: :patch,
40 +          data: { confirm: "本当にキャンセルしますか？" }
41         else
42           status = program_status
43           button_to button_label_text(status), [ :customer, object, :entry ],
44             disabled: status != :available, method: :post,
45             data: { confirm: "本当に申し込みますか？" }
46         end
47       end
   :
66         "申し込む"
67       end
68     end
69 +
70 +   private def cancellation_status(entry)
71 +     if object.application_end_time.try(:<, Time.current)
72 +       :closed
73 +     elsif entry.canceled?
74 +       :canceled
75 +     else
76 +       :cancellable
77 +     end
78 +   end
79 +
80 +   private def cancel_button_label_text(status)
81 +     case status
82 +     when :closed
83 +       "申し込み済み（キャンセル不可）"
84 +     when :canceled
85 +       "キャンセル済み"
86 +     else
87 +       "キャンセルする"
88 +     end
89 +   end
90     end
```

35-40 行をご覧ください。

```
if entry = object.entries.find_by(customer_id: current_customer.id)
  status = cancellation_status(entry)
  button_to cancel_button_label_text(status),
    [ :cancel, :customer, object, :entry ],
    disabled: status != :cancellable, method: :patch,
    data: { confirm: "本当にキャンセルしますか？" }
```

207

Chapter 8 トランザクションと排他的ロック

現在ログインしている顧客と結び付いた Entry オブジェクトを取得して変数 entry にセットし、それが nil でなければ 36-40 行のコードを評価します。

button_to メソッドの第 2 引数には、cancel アクションの URL を生成するための配列を指定しています。配列の各要素は順に、アクション名、名前空間、Program オブジェクト、Entry オブジェクトです。アクション名を先頭に記述する点に注意してください。

プライベートメソッド cancellation_status は、プログラムの申し込み終了日時が設定されていて、それが現在時刻よりも前であれば :closed を返し、顧客がすでにそのプログラムに申し込んでいて、その申し込みをキャンセルしていれば :canceled を返し、さもなくば :cancellable を返します。

プライベートメソッド cancel_button_label_text は、メソッド cancellation_status が返すシンボルに応じて 3 種類の文字列を返します。

次に、customer/entries コントローラに cancel アクションを追加します。

リスト 8-23　app/controllers/customer/entries_controller.rb

```
   :
12          redirect_to [ :customer, program ]
13        end
14 +
15 +      # PATCH
16 +      def cancel
17 +        program = Program.published.find(params[:program_id])
18 +        if program.application_end_time.try(:<, Time.current)
19 +          flash.alert = "プログラムへの申し込みをキャンセルできません（受付期間終了）。"
20 +        else
21 +          entry = program.entries.find_by!(customer_id: current_customer.id)
22 +          entry.update_column(:canceled, true)
23 +          flash.notice = "プログラムへの申し込みをキャンセルしました。"
24 +        end
25 +        redirect_to [ :customer, program ]
26 +      end
27      end
```

では、動作確認をしましょう。顧客サイトからログアウトして「加藤亀子」さん（メールアドレスは「kato.kameko@example.jp」）としてログインし直します。そして、「プログラム No.19」の詳細ページを開いて「キャンセルする」ボタンが表示されていることを確認します。この状態を維持したまま、別のブラウザを開き、職員としてログインし「プログラム No.19」の申し込み終了日時を適当な過去の日時に設定します。そして、元のブラウザに戻って「キャンセル」ボタンをクリックします。そして、「プログラムへの申し込みをキャンセルできません（受付期間終了）。」と警告するフラッシュメッ

208

セージが表示され、ボタンが「申し込み済み（キャンセル不可）」に変化することを確認してください（図 8-4）。

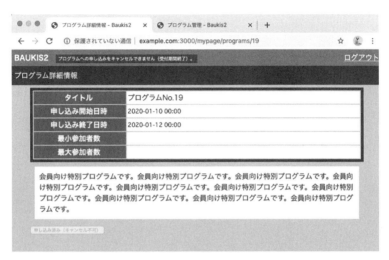

図 8-4　キャンセル不可のときの画面表示

続いて、別のブラウザに再び移って、「プログラム No.19」の申し込み終了日時を適当な未来の日時に設定します。そして、元のブラウザに戻って、画面をリロードして「キャンセル」ボタンをクリックします。すると、ページヘッダに「プログラムへの申し込みをキャンセルしました。」というメッセージが表示されます。また、再び表示された「プログラム No.19」の詳細ページの下部にあるボタンには「キャンセル済み」と書かれ、無効化されていることを確認してください（図 8-5）。

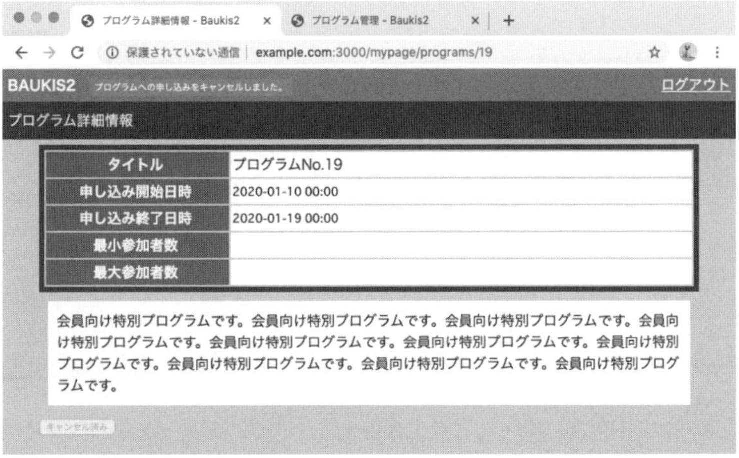

図 8-5　プログラムへの申し込みがキャンセルされた

Chapter 8 トランザクションと排他的ロック

Part IV

問い合わせ管理機能

Chapter 9 フォームの確認画面 212

Chapter 10 Ajax 246

Chapter 11 ツリー構造 270

Chapter 12 タグ付け 296

Chapter 9

フォームの確認画面

Chapter 9では、フォームの確認画面について説明します。顧客が自分自身のアカウント情報を更新フォームに入力して「確認画面へ進む」ボタンをクリックすると、次のページでは入力内容が表示されます。確認画面で「更新」ボタンをクリックすれば、修正内容がデータベースに保存され、「訂正」ボタンをクリックすれば、入力フォームに戻ります。このようなユーザーインターフェースをRailsで作るには、どうすればいいでしょうか。

9-1　顧客自身によるアカウント管理機能

この節では、顧客自身によるアカウント管理機能を普通のやり方（確認画面をはさまない）で作成します。確認画面は次節で追加します。

9-1-1　ルーティング

ルーティングの設定を次のように変更します。

リスト 9-1　config/routes.rb

```
:
```

● 9-1 顧客自身によるアカウント管理機能

```
35    constraints host: config[:customer][:host] do
36      namespace :customer, path: config[:customer][:path] do
37        root "top#index"
38        get "login" => "sessions#new", as: :login
39        resource :session, only: [ :create, :destroy ]
40 +      resource :account, except: [ :new, :create, :destroy ]
41        resources :programs, only: [ :index, :show ] do
   :
```

顧客にとって「自分自身のアカウント」は 1 個しか存在しないので、単数リソース account を定義します。また、Baukis2 では顧客自身がアカウントを登録したり、削除したりできないので、不要なアクション（new、create、destroy）をルーティングから除外しています。

9-1-2　顧客トップページの修正

顧客ページのヘッダに「アカウント」リンクを設置します。

リスト 9-2　app/views/customer/shared/_header.html.erb

```
   :
9        link_to "ログイン", :customer_login
10     end
11    %>
12 +  <%= link_to "アカウント", :customer_account if current_customer %>
13   </header>
```

スタイルシートを修正します。

リスト 9-3　app/assets/stylesheets/customer/layout.scss

```
   :
17  header {
18    padding: $moderate;
19    background-color: $dark_yellow;
20    color: $very_light_gray;
21    a.logo-mark {
22      float: none;
23      text-decoration: none;
24      font-weight: bold;
25    }
26    a {
```

213

Chapter 9 フォームの確認画面

```
27         float: right;
28         color: $very_light_gray;
29  +      margin-left: $wide;
30       }
31   }
 :
```

ブラウザを開き、顧客として Baukis2 にログインすると図 9-1 のような画面が表示されます。

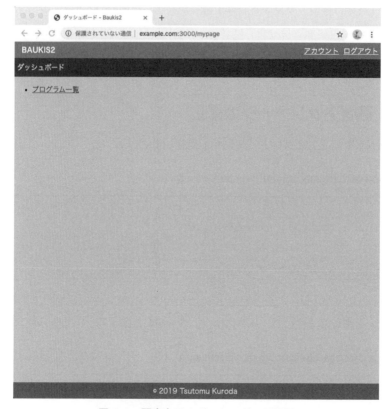

図 9-1　顧客向けのダッシュボード画面

9-1-3　アカウント詳細表示

続いて、customer/accounts コントローラの骨組みを生成します。

● 9-1 顧客自身によるアカウント管理機能

```
$ bin/rails g controller customer/accounts
```

customer/accounts コントローラに show アクションを追加します。

リスト 9-4　app/controllers/customer/accounts_controller.rb

```
1 -  class Customer::AccountsController < ApplicationController
1 +  class Customer::AccountsController < Customer::Base
2 +    def show
3 +      @customer = current_customer
4 +    end
5    end
```

staff/customers#show アクションの ERB テンプレートを app/views/customer/accounts ディレクトリにコピーします。

```
$ cp app/views/staff/customers/show.html.erb app/views/customer/accounts/
```

新しくできた ERB テンプレートを次のように書き直します。

リスト 9-5　app/views/customer/accounts/show.html.erb

```
1 -  <% @title = "顧客詳細情報" %>
1 +  <% @title = "アカウント情報" %>
2    <h1><%= @title %></h1>
3
4    <div class="table-wrapper">
5 +    <div class="links">
6 +      <%= link_to "編集", :edit_customer_account %>
7 +    </div>
8 +
9    <table class="attributes">
10     <tr><th colspan="2">基本情報</th></tr>
11     <% p1 = CustomerPresenter.new(@customer, self) %>
   :
```

ブラウザで顧客のトップページを開き、ヘッダ右寄りの「アカウント」リンクをクリックすると図9-2 のような画面が表示されます。

215

Chapter 9 フォームの確認画面

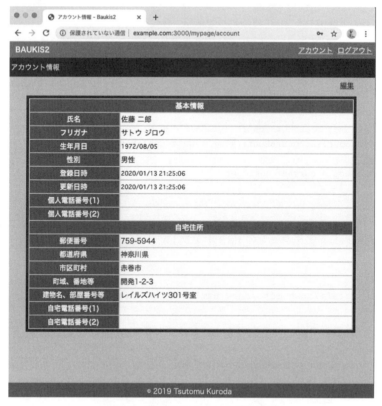

図 9-2 顧客のアカウント情報画面

9-1-4 アカウント編集機能

次に、アカウント編集機能を作成します。実装手順は職員による顧客アカウントの編集機能とほぼ同じです（本編 Chapter 16〜18 を参照してください）。概略を列挙すれば次の通りです。

1. フォームオブジェクト Customer::AccountForm を作る。
2. customer/accounts コントローラに edit アクションと update アクションを追加する。
3. 自宅住所フィールドと勤務先フィールドの表示・非表示を切り替える JavaScript プログラムを作る。

● 9-1 顧客自身によるアカウント管理機能

■ フォームオブジェクト

Customer::AccountForm を作ります。既存のフォームオブジェクト StaffCustomerForm のソースコードをひな形として流用します。

```
$ cp app/forms/staff/customer_form.rb app/forms/customer/account_form.rb
```

次のように書き換えます。

リスト 9-6　app/forms/customer/account_form.rb

```
 1 -  class Staff::CustomerForm
 1 +  class Customer::AccountForm
 2      include ActiveModel::Model
 3
 4      attr_accessor :customer, :inputs_home_address, :inputs_work_address
 5      delegate :persisted?, :save, to: :customer
 6
 7 -    def initialize(customer = nil)
 7 +    def initialize(customer)
 8        @customer = customer
 9 -      @customer ||= Customer.new(gender: "male")
 9        self.inputs_home_address = @customer.home_address.present?
10        (2 - @customer.personal_phones.size).times do
11          @customer.personal_phones.build
12        end
   :
74      private def customer_params
75        @params.require(:customer).except(:phones).permit(
76 -        :email, :password,
76          :family_name, :given_name, :family_name_kana, :given_name_kana,
77          :birthday, :gender
78        )
   :
```

顧客が自分自身のアカウントを新規登録することはなく、顧客は自分自身のメールアドレスとパスワードを変更できない、という仕様をソースコードに反映させています。

■ edit アクションと update アクション

customer/accounts コントローラに edit アクションと update アクションを追加します。

217

Chapter 9 フォームの確認画面

リスト 9-7　app/controllers/customer/accounts_controller.rb

```
 1    class Customer::AccountsController < Customer::Base
 2      def show
 3        @customer = current_customer
 4      end
 5  +
 6  +   def edit
 7  +     @customer_form = Customer::AccountForm.new(current_customer)
 8  +   end
 9  +
10  +   def update
11  +     @customer_form = Customer::AccountForm.new(current_customer)
12  +     @customer_form.assign_attributes(params[:form])
13  +     if @customer_form.save
14  +       flash.notice = "アカウント情報を更新しました。"
15  +       redirect_to :customer_account
16  +     else
17  +       flash.now.alert = "入力に誤りがあります。"
18  +       render action: "edit"
19  +     end
20  +   end
21    end
```

staff/customers コントローラの edit アクションと update アクションとほぼ同じです。ソースコードを比較して、どこが変化しているか確かめてください。

■ ERB テンプレート

ERB テンプレートも、staff/customers コントローラからコピーしたものをベースに作ります。

```
$ pushd app/views/staff/customers
$ cp edit.html.erb ../../customer/accounts
$ cp _customer_fields.html.erb ../../customer/accounts
$ cp _form.html.erb ../../customer/accounts
$ cp _home_address_fields.html.erb ../../customer/accounts
$ cp _phone_fields.html.erb ../../customer/accounts
$ cp _work_address_fields.html.erb ../../customer/accounts
$ popd
```

ERB テンプレートの本体 edit.html.erb を次のように書き換えてください。

218

● 9-1 顧客自身によるアカウント管理機能

リスト 9-8　app/views/customer/accounts/edit.html.erb

```
 1 -  <% @title = "顧客アカウントの編集" %>
 1 +  <% @title = "アカウントの編集" %>
 2    <h1><%= @title %></h1>
 3
 4    <div id="generic-form">
 5      <%= form_with model: @customer_form, scope: "form",
 6 -          url: [ :staff, @customer_form.customer ] do |f|%>
 6 +          url: :customer_account do |f|%>
 7        <%= render "form", f: f %>
 8        <div class="buttons">
 9          <%= f.submit "更新" %>
10 -        <%= link_to "キャンセル", :staff_customers %>
10 +        <%= link_to "キャンセル", :customer_account %>
11        </div>
12      <% end %>
13    </div>
```

部分テンプレート _customer_fields.html.erb を次のように書き換えてください。

リスト 9-9　app/views/customer/accounts/_customer_fields.html.erb

```
 1    <%= f.fields_for :customer, f.object.customer do |ff|%>
 2      <%= markup do |m|
 3        p = CustomerFormPresenter.new(ff, self)
 4        p.with_options(required: true) do |q|
 5 -        m << q.text_field_block(:email, "メールアドレス", size: 32)
 5 +        m << q.text_field_block(:email, "メールアドレス", size: 32,
 6 +          disabled: true)
 6 -        m << q.password_field_block(:password, "パスワード", size: 32)
 7        m << q.full_name_block(:family_name, :given_name, "氏名")
 8        m << q.full_name_block(:family_name_kana, :given_name_kana, "フリガナ")
 9      end
 :
```

その他の部分テンプレートに関しては、修正の必要はありません。

■ JavaScript プログラム

JavaScript プログラムについても、「職員による顧客管理」のために作ったものを流用します。

```
$ pushd app/javascript
```

219

Chapter 9　フォームの確認画面

```
$ mkdir customer
$ cp staff/customer_form.js customer/account_form.js
$ popd
```

そして、app/javascript/packs ディレクトリに新規ファイル customer.js を次の内容で作成します。

リスト 9-10　app/javascript/packs/customer.js (New)

```
1  require("@rails/ujs").start()
2  require("turbolinks").start()
3  require("@rails/activestorage").start()
4  require("channels")
5
6  import "../customer/account_form.js";
```

さらに、顧客用のレイアウトテンプレートを次のように書き換えます。

リスト 9-11　app/views/layouts/customer.html.erb

```
  :
9 -    <%= javascript_pack_tag "application", "data-turbolinks-track": "reload" %>
9 +    <%= javascript_pack_tag "customer", "data-turbolinks-track": "reload" %>
  :
```

■ スタイルシート

職員用の form.scss を顧客用のディレクトリにコピーします。

```
$ cp app/assets/stylesheets/staff/form.scss app/assets/stylesheets/customer
```

そして、次のように書き換えます。

リスト 9-12　app/assets/stylesheets/customer/form.scss

```
   :   :
11 -        border: solid 4px $dark_cyan;
11 +        border: solid 4px $dark_yellow;
   :   :
```

220

● 9-1 顧客自身によるアカウント管理機能

■ **動作確認**

では、ブラウザで動作確認をしましょう。顧客のアカウント情報表示ページで「編集」リンクをクリックすると、図9-3～図9-5のような画面が表示されます。メールアドレスの入力欄が無効化されていること、パスワード入力欄が存在しないことを確認してください。

図9-3　アカウントの編集画面(1)

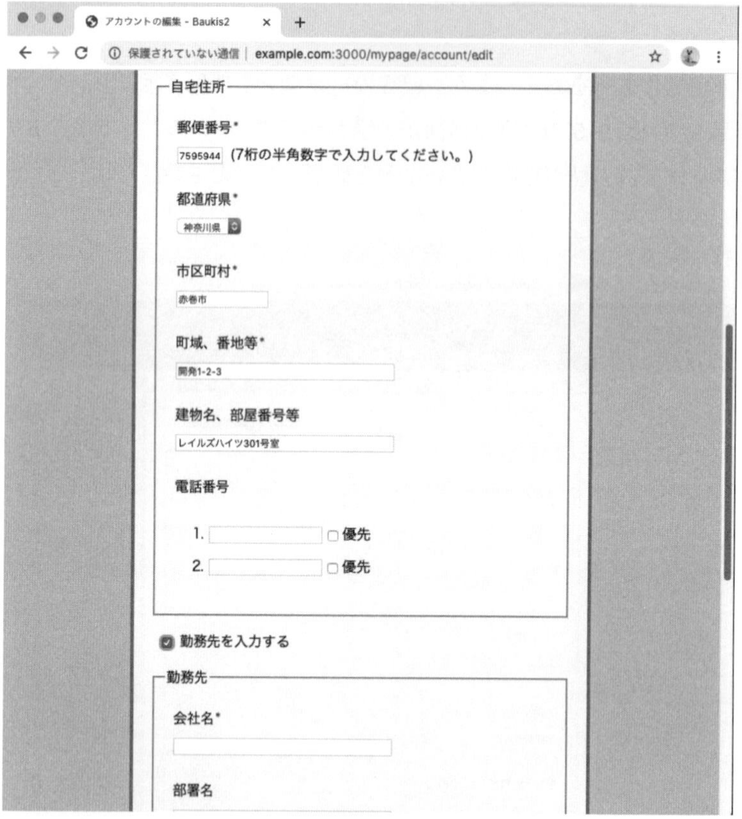

Chapter 9　フォームの確認画面

図 9-4　アカウントの編集画面 (2)

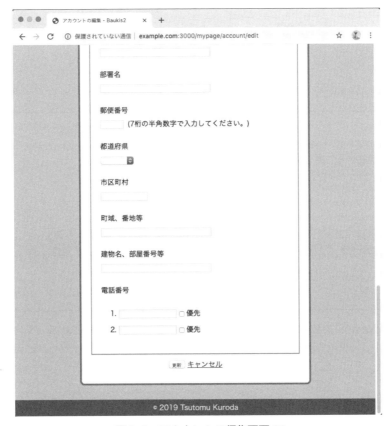

図 9-5　アカウントの編集画面 (3)

9-2　確認画面の仮実装

この節では、前節で作成したアカウント編集機能に「確認画面」を追加します。ただし、確認画面を表示するための ERB テンプレートとして詳細画面のものを流用して仮実装します。確認画面を表示する機能は次の節で完成させます。

Chapter 9　フォームの確認画面

9-2-1　ルーティング

ルーティングの設定を次のように変更します。

リスト 9-13　config/routes.rb

```
     :
35    constraints host: config[:customer][:host] do
36      namespace :customer, path: config[:customer][:path] do
37        root "top#index"
38        get "login" => "sessions#new", as: :login
39        resource :session, only: [ :create, :destroy ]
40 -      resource :account, except: [ :new, :create, :destroy ]
40 +      resource :account, except: [ :new, :create, :destroy ] do
41 +        patch :confirm
42 +      end
43        resources :programs, only: [ :index, :show ] do
     :
```

名前空間 customer の単数リソース account に confirm アクションを追加しています。このアクションへは PATCH メソッドでアクセスします。

9-2-2　編集フォームの修正

customer/account#edit アクションの ERB テンプレートを次のように書き換えます。

リスト 9-14　app/views/customer/accounts/edit.html.erb

```
1     <% @title = "アカウントの編集" %>
2     <h1><%= @title %></h1>
3
4     <div id="generic-form">
5       <%= form_with model: @customer_form, scope: "form",
6 -          url: :customer_account do |f|%>
6 +          url: :confirm_customer_account do |f|%>
7         <%= render "form", f: f %>
8         <div class="buttons">
9 -        <%= f.submit "更新" %>
9 +        <%= f.submit "確認画面へ進む" %>
10        <%= link_to "キャンセル", :customer_account %>
11      </div>
```

224

```
12      <% end %>
13  </div>
```

書き換え前は update アクションに対してフォームデータを送信するように書かれていましたが、送信先を confirm アクションに変更しました。また、ボタンのラベル文字列も変えています。

ブラウザで編集フォームを表示し直すと、図 9-6 のようになります。

図 9-6 「確認画面へ進む」ボタンを設置

9-2-3　フォームオブジェクトの修正

確認画面を「仮実装」します。すなわち、edit アクションの ERB テンプレートをそのまま流用して、confirm アクションを作ります。ビジュアルデザインとしては確認画面のように見えませんが、実質的には確認画面として機能します。

Chapter 9 フォームの確認画面

フォームオブジェクト Customer::AccountForm を次のように修正してください。

リスト 9-15　app/forms/customer/account_form.rb

```
 1    class Customer::AccountForm
 2      include ActiveModel::Model
 3
 4      attr_accessor :customer, :inputs_home_address, :inputs_work_address
 5 -    delegate :persisted?, :save, to: :customer
 5 +    delegate :persisted?, :valid?, :save, to: :customer
 6
 7      def initialize(customer)
 :
```

valid? メソッドを customer 属性に委譲（delegate）しています。すなわち、このフォームオブジェクトのインスタンスメソッド valid? が呼ばれると、customer 属性の valid? メソッドを呼び、その戻り値を返します。

9-2-4　confirm アクション

customer/accounts コントローラに confirm アクションを追加します。

リスト 9-16　app/controllers/customer/accounts_controller.rb

```
 :
 6      def edit
 7        @customer_form = Customer::AccountForm.new(current_customer)
 8      end
 9 +
10 +    # PATCH
11 +    def confirm
12 +      @customer_form = Customer::AccountForm.new(current_customer)
13 +      @customer_form.assign_attributes(params[:form])
14 +      if @customer_form.valid?
15 +        render action: "confirm"
16 +      else
17 +        flash.now.alert = "入力に誤りがあります。"
18 +        render action: "edit"
19 +      end
20 +    end
21
22      def update
```

226

● 9-2 確認画面の仮実装

:

　中身は update アクションとほぼ同じです。違うのは 14-15 行です。update アクションの対応する
部分と比較してください。

```
if @customer_form.save
  flash.notice = "アカウント情報を更新しました。"
  redirect_to :customer_account
```

　つまり、confirm アクションではフォームオブジェクトをデータベースに保存する代わりに、バリ
デーションだけを行い、バリデーションに成功すれば確認画面を表示するのです。

9-2-5　confirm アクションの ERB テンプレート

confirm アクションの ERB テンプレートを次のように作成します。

リスト 9-17　app/views/customer/accounts/confirm.html.erb (New)

```
 1    <% @title = "アカウントの更新（確認）" %>
 2    <h1><%= @title %></h1>
 3
 4    <div id="generic-form">
 5      <%= form_with model: @customer_form, scope: "form",
 6            url: :customer_account do |f| %>
 7        <p>以下の内容でアカウントを更新します。よろしいですか？</p>
 8        <%= render "form", f: f %>
 9        <div class="buttons">
10          <%= f.submit "更新" %>
11          <%= f.submit "訂正", name: "correct" %>
12        </div>
13      <% end %>
14    </div>
```

　customer/accounts#edit アクションの ERB テンプレートとほぼ同じです。form_with の url オプ
ションの値（5 行目）が異なる他、6 行目に p 要素が追加され、10 行目が「キャンセル」リンクから
「訂正」ボタンに変わっています。

227

9-2-6 動作確認

動作確認をします。顧客のアカウント編集フォームを開き、適宜内容を変更してから「確認画面へ進む」ボタンをクリックし、図 9-7 と図 9-8 のような画面が表示され、「更新」ボタンをクリックして顧客のアカウント情報が更新されれば OK です。

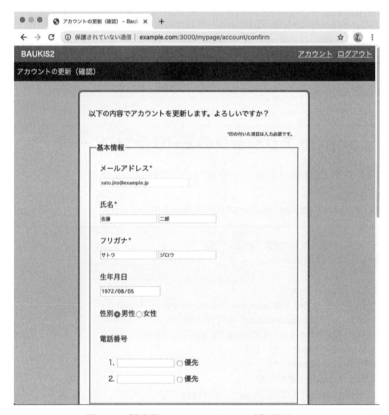

図 9-7 仮実装されたアカウント確認画面 (1)

図 9-8　仮実装されたアカウント確認画面 (2)

なお、「訂正」ボタンはまだ正しく機能しません。「更新」ボタンを押した場合とまったく同じ動きになります。

9-3　確認画面の本実装

この節では、前節で仮実装したアカウント編集機能を完成させます。隠し入力欄を用いて見えないフォームを出力するという方法で確認画面のビジュアルデザインをそれらしいものに変えます。

9-3-1　確認画面用プレゼンターの作成

「仮実装」から「本実装」に移行します。確認画面用のフォームプレゼンターを作成します。これまで作成したフォームプレゼンターはすべて目に見える入力欄を生成するためのものでしたが、今回

Chapter 9 フォームの確認画面

作成するのは隠し入力欄（hidden fields）を生成するためのフォームプレゼンターです。

app/presenters ディレクトリに新規ファイル confirming_form_presenter.rb を次のような内容
で作成してください。

リスト 9-18　app/presenters/confirming_form_presenter.rb (New)

```ruby
class ConfirmingFormPresenter
  include HtmlBuilder

  attr_reader :form_builder, :view_context
  delegate :label, :hidden_field, :object, to: :form_builder

  def initialize(form_builder, view_context)
    @form_builder = form_builder
    @view_context = view_context
  end

  def notes
    ""
  end

  def text_field_block(name, label_text, options = {})
    markup(:div) do |m|
      m << decorated_label(name, label_text)
      if options[:disabled]
        m.div(object.send(name), class: "field-value readonly")
      else
        m.div(object.send(name), class: "field-value")
        m << hidden_field(name, options)
      end
    end
  end

  def date_field_block(name, label_text, options = {})
    markup(:div) do |m|
      m << decorated_label(name, label_text)
      m.div(object.send(name), class: "field-value")
      m << hidden_field(name, options)
    end
  end

  def drop_down_list_block(name, label_text, choices, options = {})
    markup(:div) do |m|
      m << decorated_label(name, label_text)
      m.div(object.send(name), class: "field-value")
```

230

● 9-3 確認画面の本実装

```
40        m << hidden_field(name, options)
41      end
42    end
43
44    def decorated_label(name, label_text)
45      label(name, label_text)
46    end
47  end
```

FormPresenter のソースコードと比較してください。値を画面上に表示するためのコードが付け加わり、text_field メソッドや select メソッドが呼ばれていたところが、すべて hidden_field メソッドに置き換わっています。バリデーションが成功した場合しかこのフォームプレゼンターは使われませんので、エラーメッセージを表示する error_messages_for メソッドが存在しません。また、必須入力項目を示す赤いアスタリスク（*）をラベルの肩に付ける必要がないため、notes メソッドは単に空文字を返すだけのものとして、decorated_label メソッドは単に label メソッドを呼ぶだけのものとして定義されています。

続いて、ConfirmingFormPresenter を継承する ConfirmingUserFormPresenter クラスを定義します。

リスト 9-19 app/presenters/confirming_user_form_presenter.rb (New)

```
1  class ConfirmingUserFormPresenter < ConfirmingFormPresenter
2    def full_name_block(name1, name2, label_text, options = {})
3      markup(:div, class: "input-block") do |m|
4        m << decorated_label(name1, label_text)
5        m.div(object.send(name1) + " " + object.send(name2),
6          class: "field-value")
7        m << hidden_field(name1)
8        m << hidden_field(name2)
9      end
10   end
11 end
```

ConfirmingCustomerFormPresenter クラスを定義します。

リスト 9-20 app/presenters/confirming_customer_form_presenter.rb (New)

```
1  class ConfirmingCustomerFormPresenter < ConfirmingUserFormPresenter
2    def gender_field_block
3      markup(:div, class: "input-block") do |m|
4        m << decorated_label(:gender, "性別")
```

231

Chapter 9　フォームの確認画面

```
5           m.div(object.gender == "male" ?  "男性" : "女性", class: "field-value")
6           m << hidden_field(:gender)
7         end
8       end
9     end
```

さらに、`ConfirmingAddressFormPresenter` クラスを定義します。

リスト 9-21　app/presenters/confirming_address_form_presenter.rb (New)

```
1   class ConfirmingAddressFormPresenter < ConfirmingFormPresenter
2     def postal_code_block(name, label_text, options)
3       markup(:div, class: "input-block") do |m|
4         m << decorated_label(name, label_text)
5         m.div(object.send(name), class: "field-value")
6         m << hidden_field(name, options)
7       end
8     end
9   end
```

9-3-2　ERB テンプレートの修正（1）

確認画面用のフォームプレゼンターを利用して、確認画面を実装します。まずは、`confirm` アクションの ERB テンプレート本体を修正してください。

リスト 9-22　app/views/customer/accounts/confirm.html.erb

```
 :
 5     <%= form_with model: @customer_form, scope: "form",
 6         url: :customer_account do |f| %>
 7       <p>以下の内容でアカウントを更新します。よろしいですか？</p>
 8 -   <%= render "form", f: f %>
 8 +   <%= render "confirming_form", f: f %>
 9     <div class="buttons">
10       <%= f.submit "更新" %>
 :
```

部分テンプレート `_confirming_form.html.erb` を作成します。

232

● 9-3 確認画面の本実装

リスト 9-23　app/views/customer/accounts/_confirming_form.html.erb (New)

```erb
 1  <fieldset id="customer-fields">
 2    <legend>基本情報</legend>
 3    <%= render "customer_fields", f: f, confirming: true %>
 4  </fieldset>
 5  <% if f.object.inputs_home_address %>
 6    <div>
 7      <%= f.hidden_field :inputs_home_address %>
 8    </div>
 9    <fieldset id="home-address-fields">
10      <legend>自宅住所</legend>
11      <%= render "home_address_fields", f: f, confirming: true %>
12    </fieldset>
13  <% end %>
14  <% if f.object.inputs_work_address %>
15    <div>
16      <%= f.hidden_field :inputs_work_address %>
17    </div>
18    <fieldset id="work-address-fields">
19      <legend>勤務先</legend>
20      <%= render "work_address_fields", f: f, confirming: true %>
21    </fieldset>
22  <% end %>
```

3、11、20行目の render メソッドで confirming というパラメータを部分テンプレートに渡している点に留意してください（このパラメータの意味は、次の項で説明します）。

部分テンプレート _form.html.erb を次のように修正します。

リスト 9-24　app/views/customer/accounts/_form.html.erb

```erb
 1    <%= FormPresenter.new(f, self).notes %>
 2    <fieldset id="customer-fields">
 3      <legend>基本情報</legend>
 4 -    <%= render "customer_fields", f: f %>
 4 +    <%= render "customer_fields", f: f, confirming: false %>
 5    </fieldset>
 6    <div>
 7      <%= f.check_box :inputs_home_address %>
 8      <%= f.label :inputs_home_address, "自宅住所を入力する" %>
 9    </div>
10    <fieldset id="home-address-fields">
11      <legend>自宅住所</legend>
12 -    <%= render "home_address_fields", f: f %>
```

233

Chapter 9　フォームの確認画面

```
12 +      <%= render "home_address_fields", f: f, confirming: false %>
13      </fieldset>
14      <div>
15        <%= f.check_box :inputs_work_address %>
16        <%= f.label :inputs_work_address, "勤務先を入力する" %>
17      </div>
18      <fieldset id="work-address-fields">
19        <legend>勤務先</legend>
20 -      <%= render "work_address_fields", f: f %>
20 +      <%= render "work_address_fields", f: f, confirming: false %>
21      </fieldset>
```

9-3-3　ERBテンプレートの修正（2）

部分テンプレート _customer_fileds.html.erb を次のように修正します。

リスト 9-25　app/views/customer/accounts/_customer_fields.html.erb

```
 1  <%= f.fields_for :customer, f.object.customer do |ff|%>
 2    <%= markup do |m|
 3 -    p = CustomerFormPresenter.new(ff, self)
 3 +    p = confirming ?  ConfirmingCustomerFormPresenter.new(ff, self) :
 4 +      CustomerFormPresenter.new(ff, self)
 5      p.with_options(required: true) do |q|
 6        m << q.text_field_block(:email, "メールアドレス", size: 32,
 7          disabled: true)
 8        m << q.full_name_block(:family_name, :given_name, "氏名")
 9        m << q.full_name_block(:family_name_kana, :given_name_kana, "フリガナ")
10      end
11      m << p.date_field_block(:birthday, "生年月日")
12      m << p.gender_field_block
13      m.div(class: "input-block") do
14        m << p.decorated_label(:personal_phones, "電話番号")
15        m.ol do
16          p.object.personal_phones.each_with_index do |phone, index|
17 -          m << render("phone_fields", f: ff, phone: phone, index: index)
17 +          if confirming
18 +            m << render("confirming_phone_fields", f: ff, phone: phone,
19 +              index: index)
20 +          else
21 +            m << render("phone_fields", f: ff, phone: phone, index: index)
22 +          end
```

234

● 9-3 確認画面の本実装

```
23              end
24            end
25          end
26        end %>
27      <% end %>
```

パラメータ confirming の値が真である偽であるかによって、フォームプレゼンターと電話番号用の部分テンプレートを切り替えています。

部分テンプレート `_home_address_fileds.html.erb` を次のように修正します。

リスト 9-26　app/views/customer/accounts/_home_address_fields.html.erb

```
 1    <%= f.fields_for :home_address, f.object.customer.home_address do |ff|%>
 2      <%= markup do |m|
 3 -      p = AddressFormPresenter.new(ff, self)
 3 +      p = confirming ?  ConfirmingAddressFormPresenter.new(ff, self) :
 4 +      AddressFormPresenter.new(ff, self)
 5        p.with_options(required: true) do |q|
 6          m << q.postal_code_block(:postal_code, "郵便番号", size: 7)
 7          m << q.drop_down_list_block(:prefecture, "都道府県",
 8            Address::PREFECTURE_NAMES)
 9          m << q.text_field_block(:city, "市区町村", size: 16)
10          m << q.text_field_block(:address1, "町域、番地等", size: 40)
11        end
12        m << p.text_field_block(:address2, "建物名、部屋番号等", size: 40)
13        m.div(class: "input-block") do
14          m << p.decorated_label(:personal_phones, "電話番号")
15          m.ol do
16            p.object.phones.each_with_index do |phone, index|
17 -            m << render("phone_fields", f: ff, phone: phone, index: index)
17 +            if confirming
18 +              m << render("confirming_phone_fields", f: ff, phone: phone,
19 +                index: index)
20 +            else
21 +              m << render("phone_fields", f: ff, phone: phone, index: index)
22 +            end
23            end
24          end
25        end
26      end %>
27    <% end %>
```

部分テンプレート `_work_address_fileds.html.erb` を次のように修正します。

235

Chapter 9 フォームの確認画面

リスト 9-27　app/views/customer/accounts/_work_address_fields.html.erb

```
 1    <%= f.fields_for :work_address, f.object.customer.work_address do |ff|%>
 2      <%= markup do |m|
 3 -      p = AddressFormPresenter.new(ff, self)
 3 +      p = confirming ? ConfirmingAddressFormPresenter.new(ff, self) :
 4 +        AddressFormPresenter.new(ff, self)
 5        m << p.text_field_block(:company_name, "会社名", size: 40, required: true)
 6        m << p.text_field_block(:division_name, "部署名", size: 40)
 7        m << p.postal_code_block(:postal_code, "郵便番号", size: 7)
 8        m << p.drop_down_list_block(:prefecture, "都道府県",
 9          Address::PREFECTURE_NAMES)
10        m << p.text_field_block(:city, "市区町村", size: 16)
11        m << p.text_field_block(:address1, "町域、番地等", size: 40)
12        m << p.text_field_block(:address2, "建物名、部屋番号等", size: 40)
13        m.div(class: "input-block") do
14          m << p.decorated_label(:personal_phones, "電話番号")
15          m.ol do
16            p.object.phones.each_with_index do |phone, index|
17 -            m << render("phone_fields", f: ff, phone: phone, index: index)
17 +            if confirming
18 +              m << render("confirming_phone_fields", f: ff, phone: phone,
19 +                index: index)
20 +            else
21 +              m << render("phone_fields", f: ff, phone: phone, index: index)
22 +            end
23            end
24          end
25        end
26      end %>
27    <% end %>
```

　確認画面に電話番号を表示するための部分テンプレート _confirming_phone_fields.html.erb を
次の内容で新規作成します。

リスト 9-28　app/views/customer/accounts/_confirming_phone_fields.html.erb (New)

```
 1    <%= f.fields_for :phones, phone, index: index do |ff|%>
 2      <%= markup(:li) do |m|
 3        text = ff.object.number
 4        text += "（優先）" if ff.object.primary?
 5        m.span(text, class: "field-value")
 6        m << ff.hidden_field(:number)
 7        m << ff.hidden_field(:primary)
```

236

● 9-3 確認画面の本実装

```
8      end %>
9    <% end %>
```

`fields_for` メソッドの `index` オプションについては、本編 18-2 節を参照してください。

9-3-4　フォームオブジェクトの修正

フォームオブジェクト `Customer::AccountForm` を次のように修正してください。

リスト 9-29　app/forms/customer/account_form.rb

```
   :
24    def assign_attributes(params = {})
25      @params = params
26 -    self.inputs_home_address = params[:inputs_home_address] == "1"
26 +    self.inputs_home_address = params[:inputs_home_address].in? %w(1 true)
27 -    self.inputs_work_address = params[:inputs_work_address] == "1"
27 +    self.inputs_work_address = params[:inputs_work_address].in? %w(1 true)
   :
```

チェックボックスが On であるときフォームから送られてくるのは "1" という文字列ですが、隠し入力欄の値が true であるときフォームから送られてくるのは "true" という文字列となるため、このような変更が必要となります。

9-3-5　スタイルシート

最後にスタイルシートを修正して、ビジュアルデザインを調整します。

リスト 9-30　app/assets/stylesheets/customer/form.scss

```
   :
26        span.instruction { font-size: $small; color: $dark_gray; }
27 +      div.field-value { margin-left: $wide; font-weight: bold; }
28 +      div.readonly { color: $dark_gray; }
29 +      span.field-value { font-weight: bold; }
30      }
31    div.input-block {
   :
```

237

9-3-6 動作確認

ブラウザで動作確認を行います。顧客が自分自身のアカウントを編集するフォームを開いて、「確認画面に進む」ボタンをクリックすると、図 9-9 のような画面が表示されます。

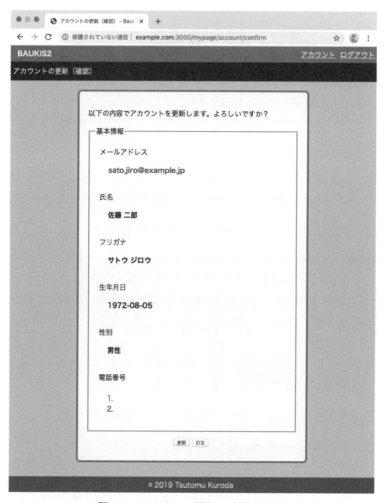

図 9-9　アカウント更新の確認画面 (1)

でも、おかしいですね。自宅住所フィールドと勤務先フィールドが表示されません。JavaScript プログラムのせいです。次の項で直しましょう。

● 9-3 確認画面の本実装

9-3-7　JavaScript プログラムの修正

　前項で発覚した問題（確認画面に自宅住所セクションと勤務先セクションが表示されない）に対応します。まず、確認画面でフォーム全体を取り囲んでいる div 要素の class 属性に "confirming" という値を設定します。

リスト 9-31　app/views/customer/accounts/confirm.html.erb

```
  :
4 -  <div id="generic-form">
4 +  <div id="generic-form" class="confirming">
  :
```

　そして、JavaScript プログラムを次のように修正します。

リスト 9-32　app/javascript/customer/account_form.js

```
   :
15    $(document).on("turbolinks:load", () => {
16 +    if ($("div.confirming").length) return;
17      toggle_home_address_fields();
   :
```

　確認画面では自宅住所セクションや勤務先セクションの表示・非表示を切り替える処理を行わないようにしています。

　もう一度、ブラウザで確認画面を開くと、図 9-10 のように自宅住所セクションが表示されたままになります。そしてページ下部の「更新」ボタンをクリックすると、顧客のアカウント情報が更新されます。

239

Chapter 9 フォームの確認画面

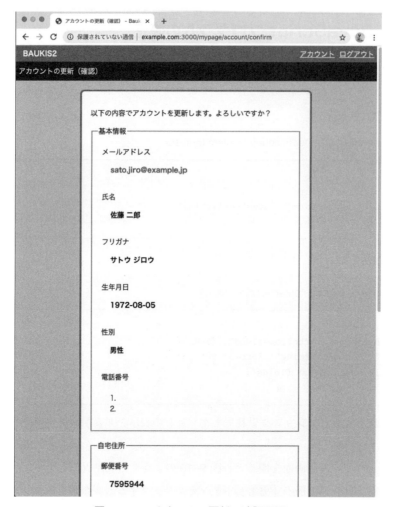

図 9-10　アカウントの更新の確認画面 (2)

9-3-8　訂正ボタン

続いて、「訂正」ボタンを実装します。customer/accounts コントローラの update アクションを次のように書き換えてください。

リスト 9-33　app/controllers/customer/accounts_controller.rb

```
 :
22  def update
```

● 9-3 確認画面の本実装

```
23     @customer_form = Customer::AccountForm.new(current_customer)
24     @customer_form.assign_attributes(params[:form])
25 -   if @customer_form.save
26 -     flash.notice = "アカウント情報を更新しました。"
27 -     redirect_to :customer_account
28 -   else
29 -     flash.now.alert = "入力に誤りがあります。"
30 -     render action: "edit"
31 -   end
25 +   if params[:commit]
26 +     if @customer_form.save
27 +       flash.notice = "アカウント情報を更新しました。"
28 +       redirect_to :customer_account
29 +     else
30 +       flash.now.alert = "入力に誤りがあります。"
31 +       render action: "edit"
32 +     end
33 +   else
34 +     render action: "edit"
35 +   end
36   end
37 end
```

この修正の意味を理解するため、`app/views/customer/accounts` ディレクトリの `confirm.html.erb` の 8-11 行をご覧ください。

```
<div class="buttons">
  <%= f.submit "更新" %>
  <%= f.submit "訂正", name: "correct" %>
</div>
```

フォームビルダーの submit メソッドには name オプションを与えることができます。これは input 要素の name 属性の値として用いられます。name オプションのデフォルト値が "commit" です。フォームが送信されると、クリックされたボタンの name 属性をキーとするパラメータも同時に送信されます。つまり、「更新」ボタンがクリックされると "commit" というキーのパラメータが、「訂正」ボタンがクリックされると、"correct" というキーのパラメータが update アクションに渡ります。

したがって、`params[:commit]` に値がセットされているかどうかで、どちらのボタンが押されたのかが判定できるというわけです。

では、動作確認をしましょう。ブラウザでアカウント編集画面を開いて、生年月日を「1970/01/01」に変更し、確認画面に進んでから、「訂正」ボタンをクリックしてください。図 9-11 のように編集画面が表示され、生年月日の入力欄に「1970/01/01」という値が入っていれば OK です。

241

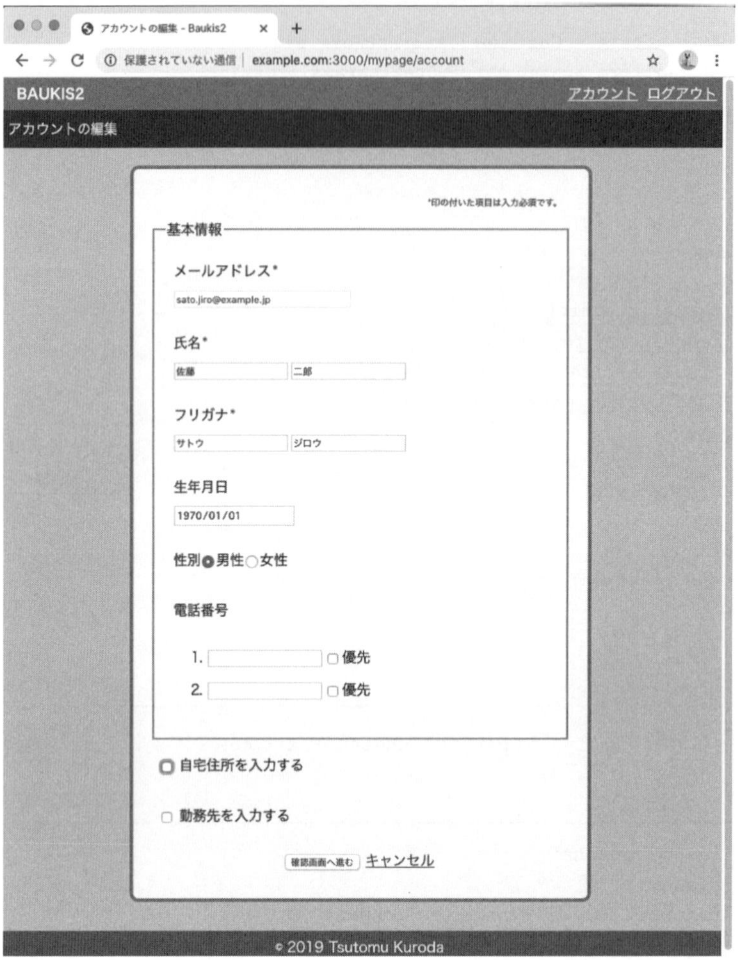

Chapter 9　フォームの確認画面

図 9-11　「訂正」ボタンでアカウント編集画面に戻る

9-3-9　Capybara によるテスト

最後に、本章で作った機能の spec ファイルを作成しましょう。まず、準備作業として RSpec 用のヘルパーメソッド login_as_customer を作成します。

リスト 9-34　spec/support/features_spec_helper.rb

```
    :
7   def login_as_staff_member(staff_member, password = "pw")
8     visit staff_login_path
```

242

● 9-3 確認画面の本実装

```
 9      within("#login-form") do
10        fill_in "メールアドレス", with: staff_member.email
11        fill_in "パスワード", with: password
12        click_button "ログイン"
13      end
14    end
15 +
16 +  def login_as_customer(customer, password = "pw")
17 +    visit customer_login_path
18 +    within("#login-form") do
19 +      fill_in "メールアドレス", with: customer.email
20 +      fill_in "パスワード", with: password
21 +      click_button "ログイン"
22 +    end
23 +  end
24  end
```

中身はすぐ上で定義されている login_as_staff_member メソッドとほぼ同じです。

> ヘルパーメソッド login_as_staff_member については、本編 17-1 節で解説しています。

spec ファイルを置くディレクトリを作ります。

```
$ mkdir -p spec/features/customer
```

spec ファイルを作成します。

リスト 9-35　spec/features/customer/account_management_spec.rb (New)

```
 1  require "rails_helper"
 2
 3  feature "顧客によるアカウント管理" do
 4    include FeaturesSpecHelper
 5    let(:customer) { create(:customer) }
 6
 7    before do
 8      switch_namespace(:customer)
 9      login_as_customer(customer)
10      click_link "アカウント"
11      click_link "編集"
12    end
13
14    scenario "顧客が基本情報、自宅住所、勤務先を更新する" do
```

243

Chapter 9 フォームの確認画面

```
15        fill_in "生年月日", with: "1980-04-01"
16        within("fieldset#home-address-fields") do
17          fill_in "郵便番号", with: "9999999"
18        end
19        click_button "確認画面へ進む"
20        click_button "訂正"
21        within("fieldset#work-address-fields") do
22          fill_in "会社名", with: "テスト"
23        end
24        click_button "確認画面へ進む"
25        click_button "更新"
26
27        customer.reload
28        expect(customer.birthday).to eq(Date.new(1980, 4, 1))
29        expect(customer.home_address.postal_code).to eq("9999999")
30        expect(customer.work_address.company_name).to eq("テスト")
31      end
32
33      scenario "顧客が生年月日と自宅の郵便番号に無効な値を入力する" do
34        fill_in "生年月日", with: "2100-01-01"
35        within("fieldset#home-address-fields") do
36          fill_in "郵便番号", with: "XYZ"
37        end
38        click_button "確認画面へ進む"
39
40        expect(page).to have_css("header span.alert")
41        expect(page).to have_css(
42          "div.field_with_errors input#form_customer_birthday")
43        expect(page).to have_css(
44          "div.field_with_errors input#form_home_address_postal_code")
45      end
46    end
```

テストを実行し、2個のエグザンプルが成功することを確認します。

```
$ rspec spec/features/customer/account_management_spec.rb
..

Finished in 5 seconds (files took 1.73 seconds to load)
2 examples, 0 failures
```

9-4 演習問題

問題 1

職員が自分自身のアカウントを編集する機能に確認画面を加えてください。

問題 2

前問の機能追加に合わせて、spec/requests/staff ディレクトリにある my_account_management_spec.rb を修正してください。

問題 3

職員が自分自身のアカウントを編集する機能に関する Capybara によるテストを作成してください。

Chapter 10

Ajax

Chapter 10 から最終章 (Chapter 12) までの 3 章で、Baukis2 に問い合わせ管理機能を追加します。これにより顧客が問い合わせをし、職員が顧客に返信し、顧客がさらに返信することができるようになります。本章では、顧客からの問い合わせが届くと、ほぼリアルタイムで Baukis2 の職員ページ上に通知が表示される機能を、Ajax の技術を利用して作ります。

10-1 顧客向け問い合わせフォーム

本題の Ajax 技術の説明に入る前に、準備作業として顧客向け問い合わせフォームを作成しましょう。前章で解説した「確認画面」の復習も兼ねています。

10-1-1 問い合わせ管理機能の概要

Chapter 10 から最終章 (Chapter 12) までの 3 章では、Baukis2 に問い合わせ管理機能を追加します。この機能の仕様は以下のようなものです。

- 顧客は件名と本文を入力して問い合わせを行える。
- 職員ページのヘッダには未処理の問い合わせの件数が表示される。
- 職員は問い合わせに返信できる。

● 10-1 顧客向け問い合わせフォーム

- 顧客は職員からの返信に対して返信できる。
- 職員は顧客からのメッセージ（問い合わせ、返信）に対してタグを設定できる。

10-1-2 データベース設計

はじめに、問い合わせの内容を格納するためのデータベーステーブル messages を作ります。この
テーブルには、顧客からの問い合わせだけでなく職員からの返信と顧客からの返信も格納します。

```
$ bin/rails g model message
$ rm spec/models/message_spec.rb
```

マイグレーションスクリプトを次のように修正します。

リスト 10-1　db/migrate/20190101000015_create_messages.rb

```
 1   class CreateMessages < ActiveRecord::Migration[6.0]
 2     def change
 3       create_table :messages do |t|
 4 +       t.references :customer, null: false # 顧客への外部キー
 5 +       t.references :staff_member # 職員への外部キー
 6 +       t.integer :root_id # Message への外部キー
 7 +       t.integer :parent_id # Message への外部キー
 8 +       t.string :type, null: false # 継承カラム
 9 +       t.string :status, null: false, default: "new" # 状態（職員向け）
10 +       t.string :subject, null: false # 件名
11 +       t.text :body # 本文
12 +       t.text :remarks # 備考（職員向け）
13 +       t.boolean :discarded, null: false, default: false # 顧客側の削除フラグ
14 +       t.boolean :deleted, null: false, default: false # 職員側の削除フラグ
15
16         t.timestamps
17       end
18 +
19 +     add_index :messages, [ :type, :customer_id ]
20 +     add_index :messages, [ :customer_id, :discarded, :created_at ]
21 +     add_index :messages, [ :type, :staff_member_id ]
22 +     add_index :messages, [ :customer_id, :deleted, :created_at ]
23 +     add_index :messages, [ :customer_id, :deleted, :status, :created_at ],
24 +       name: "index_messages_on_c_d_s_c"
25 +     add_index :messages, [ :root_id, :deleted, :created_at ]
26 +     add_foreign_key :messages, :customers
```

247

Chapter 10 Ajax

```
27 +          add_foreign_key :messages, :staff_members
28 +          add_foreign_key :messages, :messages, column: "root_id"
29 +          add_foreign_key :messages, :messages, column: "parent_id"
30      end
31    end
```

この messages テーブルでは、単一テーブル継承（本編 Chapter 16 参照）の仕組みを利用します。そのため文字列型の type カラムを定義しています。

単一テーブル継承は、オブジェクト指向プログラミングの継承概念をリレーショナルデータベースで擬似的に実現する方法です。Ruby on Rails では type カラム（あるいは、モデルクラスの inheritance_column 属性に指定されたカラム）にクラス名を記録することで、単一テーブル継承を実現しています。

root_id カラムと parent_id カラムは、メッセージのツリー構造を表現するために用います。起点となる顧客からの問い合わせをルート（root）と呼びます。そして、問い合わせと返信の間の関係を親子の関係として表します。問い合わせは返信にとっての親であり、返信は問い合わせにとっての子となります。

24 行目の name オプションについては、既に 3-1-2 項「データベーススキーマの見直し」で説明をしています。

マイグレーションを実行します。

```
$ bin/rails db:migrate
```

10-1-3 モデル間の関連付け

続いて、モデル間の関連付けを行います。まず、親クラスとなる Message モデルを次のように定義します。

リスト 10-2　app/models/message.rb

```
1    class Message < ApplicationRecord
2 +    belongs_to :customer
3 +    belongs_to :staff_member, optional: true
4 +    belongs_to :root, class_name: "Message", foreign_key: "root_id",
5 +      optional: true
6 +    belongs_to :parent, class_name: "Message", foreign_key: "parent_id",
7 +      optional: true
8    end
```

248

● 10-1 顧客向け問い合わせフォーム

メッセージと顧客、メッセージと職員との間の関連付けを行っています。メッセージが顧客からの問い合わせであれば、customer が指すのはメッセージの送信者ですが、メッセージが職員からの返信であれば customer が指すのはメッセージの宛先です。また、メッセージのルート（root）と親（parent）との関連付けも宣言されています。

顧客からの問い合わせの場合、staff_member、root、および parent は nil となるので、2番目以降の belongs_to メソッドには optional: true オプションを付けています。このオプションを省くと、例えば職員が割り当てられていないメッセージでバリデーションエラーが発生します。

app/models ディレクトリに新規ファイル customer_message.rb を次のように作成します。このクラスが顧客からの問い合わせ（あるいは、返信の返信）を表現します。

リスト 10-3　app/models/customer_message.rb (New)

```
1  class CustomerMessage < Message
2  end
```

同ディレクトリに新規ファイル staff_message.rb を次のように作成します。職員からの返信を記録するためのモデルクラスです。

リスト 10-4　app/models/staff_message.rb (New)

```
1  class StaffMessage < Message
2  end
```

最後に、顧客とメッセージの間の関連付けを行います。

リスト 10-5　app/models/customer.rb

```
   :
13    has_many :programs, through: :entries
14 +  has_many :messages
15 +  has_many :outbound_messages, class_name: "CustomerMessage",
16 +    foreign_key: "customer_id"
17 +  has_many :inbound_messages, class_name: "StaffMessage",
18 +    foreign_key: "customer_id"
19
20    validates :gender, inclusion: { in: %w(male female), allow_blank: true }
   :
```

関連付け outbound_messages では顧客が送信したメッセージ（問い合わせ、返信への返信）のリス

249

Chapter 10 Ajax

トを取得できます。関連付け inbound_messages では職員から受け取ったメッセージ（返信）のリストを取得できます。

10-1-4 バリデーション等

次に、Message モデルに before_validation コールバックとバリデーションを追加します。

リスト 10-6　app/models/message.rb

```
 1   class Message < ApplicationRecord
 2     belongs_to :customer
 3     belongs_to :staff_member, optional: true
 4     belongs_to :root, class_name: "Message", foreign_key: "root_id",
 5       optional: true
 6     belongs_to :parent, class_name: "Message", foreign_key: "parent_id",
 7       optional: true
 8 +
 9 +   before_validation do
10 +     if parent
11 +       self.customer = parent.customer
12 +       self.root = parent.root || parent
13 +     end
14 +   end
15 +
16 +   validates :subject, presence: true, length: { maximum: 80 }
17 +   validates :body, presence: true, length: { maximum: 800 }
18   end
```

　before_validation ブロックには、Message オブジェクトのバリデーションが実行される直前に実行されるべき処理を記述します。11 行目では、親メッセージの customer をそれ自身の customer としてセットしています。12 行目では、親メッセージの root をそれ自身の root にセットしています。ただし、親メッセージがルートである場合は root を持っていないので、親メッセージ自体を root にセットします。

250

● 10-1 顧客向け問い合わせフォーム

10-1-5 ルーティング

顧客が問い合わせを送信する機能に関わるルーティングの設定を行います。

リスト 10-7　config/routes.rb

```
     :
45          resources :programs, only: [ :index, :show ] do
46            resources :entries, only: [ :create ] do
47              patch :cancel
48            end
49          end
50 +        resources :messages, only: [ :new, :create ] do
51 +          post :confirm, on: :collection
52 +        end
53        end
54      end
55    end
```

とりあえず、customer/messages コントローラには new、create、confirm という 3 つのアクショ
ンを追加します。

顧客アカウント編集用の確認画面を実装した 9-2-1 項「ルーティング」では、既にデータベース上に
存在するレコードを書き換える処理だったため、確認用のアクション confirm を PATCH メソッドで呼
ぶことにしました。一方、今回は新しいレコードを追加する処理のため、confirm アクションを POST
メソッドで呼んでいます。

また、confirm アクションは resources メソッドにネストされているため、コレクションルーティ
ング（本編 9-2-2「ルーティングの分類」参照）として指定をする必要があります。なぜなら、この指
定をしない場合の URL パスは/mypage/messages/:message_id/confirm となり、不必要なパラメー
タ message_id が含まれてしまうからです。

10-1-6 new アクション

customer/messages コントローラの骨組みを生成します。

```
$ bin/rails g controller customer/messages
```

customer/messages コントローラに new アクションを追加します。

251

Chapter 10 Ajax

リスト 10-8　app/controllers/customer/messages_controller.rb

```
1 -  class Customer::MessagesController < ApplicationController
1 +  class Customer::MessagesController < Customer::Base
2 +    def new
3 +      @message = CustomerMessage.new
4 +    end
5    end
```

顧客から送信する問い合わせを表現する CustomerMessage モデルのインスタンスを作り、インスタンス変数 @message にセットしています。

new アクションのための ERB テンプレートを次のように作成します。

リスト 10-9　app/views/customer/messages/new.html.erb (New)

```
1   <% @title = "新規問い合わせ" %>
2   <h1><%= @title %></h1>
3
4   <div id="generic-form">
5     <%= form_with model: @message, url: :confirm_customer_messages do |f| %>
6       <%= render "form", f: f %>
7       <div class="buttons">
8         <%= f.submit "確認画面へ進む" %>
9         <%= link_to "キャンセル", :customer_root %>
10      </div>
11    <% end %>
12  </div>
```

フォームの送信先は customer/messages コントローラの confirm アクションです。

部分テンプレートを作成します。

リスト 10-10　app/views/customer/messages/_form.html.erb (New)

```
1   <%= markup do |m|
2     p = FormPresenter.new(f, self)
3     p.with_options(required: true) do |q|
4       m << q.text_field_block(:subject, "件名", size: 40, maxlength: 80)
5       m << q.text_area_block(:body, "本文", rows: 6, maxlength: 800,
6         style: "width: 454px")
7     end
8   end %>
```

FormPresenter クラスに text_area_block メソッドを追加します。

252

● 10-1 顧客向け問い合わせフォーム

リスト 10-11　app/presenters/form_presenter.rb

```
  :
59      def drop_down_list_block(name, label_text, choices, options = {})
60        markup(:div, class: "input-block") do |m|
61          m << decorated_label(name, label_text, options)
62          m << form_builder.select(name, choices, { include_blank: true }, options)
63          m << error_messages_for(name)
64        end
65      end
66
67 +    def text_area_block(name, label_text, options = {})
68 +      markup(:div, class: "input-block") do |m|
69 +        m << decorated_label(name, label_text, options)
70 +        m << text_area(name, options)
71 +        if options[:maxlength]
72 +          m.span "(#{options[:maxlength]}文字以内)", class: "instruction",
73 +            style: "float: right"
74 +        end
75 +        m << error_messages_for(name)
76 +      end
77 +    end
78 +
79      def error_messages_for(name)
  :
```

textarea タグにバリデーションエラー用の背景色が適用されるようにスタイルシートを修正します。

リスト 10-12　app/assets/stylesheets/customer/form.scss

```
  :
52          div.field_with_errors {
53            display: inline;
54            padding: 0;
55            label { color: $red; }
56 -          input { background: $pink; }
56 +          input, textarea { background: $pink; }
57          }
58          div.with-errors {
  :
```

Message モデルに関するエラーメッセージを日本語で表現するため、翻訳ファイルを用意します。なお、バリデーションに失敗したときのエラーメッセージを表示する機能は次の項で実装します。

253

リスト 10-13　config/locales/models/message.ja.yml (New)

```
1  ja:
2    activerecord:
3      attributes:
4        message:
5          subject: 件名
6          body: 本文
```

新規の翻訳ファイルを追加したので、ここで Baukis2 の再起動が必要です。

顧客ページのヘッダに「問い合わせ」リンクを設置します。

リスト 10-14　app/views/customer/shared/_header.html.erb

```
 :
12      <%= link_to "アカウント", :customer_account if current_customer %>
13 +    <%= link_to "問い合わせ", :new_customer_message if current_customer %>
14    </header>
```

ブラウザで顧客ページにログインし、ヘッダ部分にある「問い合わせ」リンクをクリックすると、図 10-1 のような画面が表示されます。

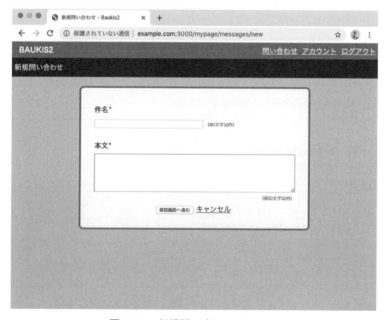

図 10-1　新規問い合わせフォーム

● 10-1 顧客向け問い合わせフォーム

10-1-7 confirm アクション

customer/messages コントローラに確認画面を表示する confirm アクションを作ります。

リスト 10-15　app/controllers/customer/messages_controller.rb

```
 1    class Customer::MessagesController < Customer::Base
 2      def new
 3        @message = CustomerMessage.new
 4      end
 5  +
 6  +   # POST
 7  +   def confirm
 8  +     @message = CustomerMessage.new(customer_message_params)
 9  +     @message.customer = current_customer
10  +     if @message.valid?
11  +       render action: "confirm"
12  +     else
13  +       flash.now.alert = "入力に誤りがあります。"
14  +       render action: "new"
15  +     end
16  +   end
17  +
18  +   private def customer_message_params
19  +     params.require(:customer_message).permit(:subject, :body)
20  +   end
21    end
```

前章で作成した customer/accounts コントローラの confirm アクションとほぼ同様の処理です。ERB テンプレートを作ります。

リスト 10-16　app/views/customer/messages/confirm.html.erb (New)

```
 1    <% @title = "新規問い合わせ（確認）" %>
 2    <h1><%= @title %></h1>
 3
 4    <div id="generic-form">
 5      <%= form_with model: @message, url: :customer_messages do |f| %>
 6        <%= render "confirming_form", f: f %>
 7        <div class="buttons">
 8          <%= f.submit "送信" %>
 9          <%= f.submit "訂正", name: "correct" %>
10          <%= link_to "キャンセル", :customer_root %>
```

255

Chapter 10 Ajax

```
11        </div>
12      <% end %>
13    </div>
```

部分テンプレートを作成します。

リスト 10-17　app/views/customer/messages/_confirming_form.html.erb (New)

```
1  <%= markup(:div) do |m|
2    p = ConfirmingFormPresenter.new(f, self)
3    m.div "以下の内容で問い合わせを送信します。よろしいですか？"
4    m << p.text_field_block(:subject, "件名")
5    m << p.text_area_block(:body, "本文")
6  end %>
```

ConfirmingFormPresenter クラスに text_area_block メソッドを追加します。

リスト 10-18　app/presenters/confirming_form_presenter.rb

```
   :
36     def drop_down_list_block(name, label_text, choices, options = {})
37       markup(:div) do |m|
38         m << decorated_label(name, label_text)
39         m.div(object.send(name), class: "field-value")
40         m << hidden_field(name, options)
41       end
42     end
43 +
44 +   def text_area_block(name, label_text, options = {})
45 +     markup(:div) do |m|
46 +       m << decorated_label(name, label_text)
47 +       value = object.send(name)
48 +       m.div(class: "field-value") do
49 +         m << ERB::Util.html_escape(value).gsub(/\n/, "<br>")
50 +       end
51 +       m << hidden_field(name, options)
52 +     end
53 +   end
54
55     def decorated_label(name, label_text)
56       label(name, label_text)
57     end
58   end
```

256

49 行目をご覧ください。

```
m << ERB::Util.html_escape(value).gsub(/\n/, "<br>")
```

顧客が本文に入力した文字列の中に含まれる特殊文字をエスケープした上で、改行文字が含まれていれば、それを
 タグで置き換えています。

では、動作確認をしましょう。ブラウザで顧客からの問い合わせフォームを開き、件名フィールドと本文フィールドに適宜入力して、「確認画面に進む」ボタンをクリックし、図 10-2 のように表示されれば OK です。

図 10-2　新規問い合わせの確認画面

Chapter 10 Ajax

10-1-8 create アクション

最後に customer/messages#create アクションを実装します。

リスト 10-19　app/controllers/customer/messages_controller.rb

```
    :
13         flash.now.alert = "入力に誤りがあります。"
14         render action: "new"
15       end
16     end
17 +
18 +   def create
19 +     @message = CustomerMessage.new(customer_message_params)
20 +     if params[:commit]
21 +       @message.customer = current_customer
22 +       if @message.save
23 +         flash.notice = "問い合わせを送信しました。"
24 +         redirect_to :customer_root
25 +       else
26 +         flash.now.alert = "入力に誤りがあります。"
27 +         render action: "new"
28 +       end
29 +     else
30 +       render action: "new"
31 +     end
32 +   end
33
34     private def customer_message_params
35       params.require(:customer_message).permit(:subject, :body)
36     end
37   end
```

　前章で作成した customer/accounts コントローラの create アクションと同じ構成で作られています。顧客が「送信」ボタンをクリックすれば params[:commit] に値がセットされているので、メッセージを保存します。顧客が「訂正」ボタンをクリックした場合は、問い合わせフォームをもう一度表示します。

　問い合わせフォームの確認画面から「送信」ボタンと「訂正」ボタンをそれぞれクリックして、正しく動作することを確認してください。

258

● 10-2 問い合わせ到着の通知

10-2 問い合わせ到着の通知

この節では、顧客からの新規（未処理の）問い合わせの件数を職員ページのヘッダ部分に表示する機能を作ります。件数表示は Ajax 技術により定期的に自動更新されます。

10-2-1 ルーティング

まず、staff/ajax#message_count アクションへのルーティングを追加します。

リスト 10-20　config/routes.rb

```
 :
14        resources :programs do
15          resources :entries, only: [] do
16            patch :update_all, on: :collection
17          end
18        end
19 +      get "messages/count" => "ajax#message_count"
20      end
21    end
 :
```

messages/count というパスへのアクセスを、Staff::AjaxController コントローラに振り向けています。このコントローラ名は、Rails の標準的な命名法から外れています。このコントローラは Ajax リクエスト専用のアクションが集められる特別なものなので、特別な名前を与えることにしました。

10-2-2 count アクション

staff/ajax コントローラの骨組みを作成します。

```
$ bin/rails g controller staff/ajax
$ rmdir app/views/staff/ajax
```

生成されたコントローラのファイルを次のように書き換えます。

Chapter 10 Ajax

リスト 10-21　app/controllers/staff/ajax_controller.rb

```
 1   class Staff::AjaxController < ApplicationController
 2 +   before_action :check_source_ip_address
 3 +   before_action :authorize
 4 +   before_action :check_timeout
 5 +
 6 +   # GET
 7 +   def message_count
 8 +     render plain: CustomerMessage.unprocessed.count
 9 +   end
10 +
11 +   private def check_source_ip_address
12 +     unless AllowedSource.include?("staff", request.ip)
13 +       render plain: "Forbidden", status: 403
14 +     end
15 +   end
16 +
17 +   private def current_staff_member
18 +     if session[:staff_member_id]
19 +       StaffMember.find_by(id: session[:staff_member_id])
20 +     end
21 +   end
22 +
23 +   private def authorize
24 +     unless current_staff_member && current_staff_member.active?
25 +       render plain: "Forbidden", status: 403
26 +     end
27 +   end
28 +
29 +   private def check_timeout
30 +     unless session[:last_access_time] &&
31 +            session[:last_access_time] >= Staff::Base::TIMEOUT.ago
32 +       session.delete(:staff_member_id)
33 +       render plain: "Forbidden", status: 403
34 +     end
35   end
```

　本書におけるこれまでのコントローラの作り方と異なり、Staff::AjaxController は Staff::Base ではなく、ApplicationController を継承しています。なぜでしょうか。それは、ブラウザがこのコントローラのアクションを呼び出す権限がないときに、サーバーが返すべきレスポンスが異なるからです。

　例えば、職員が利用停止になった場合、Staff::Base を継承するコントローラでは次のように定義

260

● 10-2 問い合わせ到着の通知

されたプライベートメソッド authorize で職員のトップページにリダイレクトされます。

```
private def check_account
  if current_staff_member && !current_staff_member.active?
    session.delete(:staff_member_id)
    flash.alert = "アカウントが無効になりました。"
    redirect_to :staff_root
  end
end
```

Ajax コールを受けるコントローラではリダイレクションをする必要はなく、単にステータス 403 で
レスポンスを返せば十分です。「Forbidden」というテキストを返していますが、これはあくまでデバッ
グ用の参考情報に過ぎません。もしリダイレクションをしてしまうと、リダイレクション先のページ
の HTML 文書が Ajax コールの戻り値となります。JavaScript プログラムとしては問い合わせ件数を知
りたいだけなのに、そんなものを受け取っても仕方がありません。

次に CustomerMessage モデルに unprocessed スコープを定義します。

リスト 10-22　app/models/customer_message.rb

```
1   class CustomerMessage < Message
2 +   scope :unprocessed, -> { where(status: "new", deleted: false) }
3   end
```

status カラムの値が "new" で、deleted フラグが偽である顧客からのメッセージ（問い合わせ）の
みを抽出するためのスコープです。

> スコープとは検索条件の組み合わせに名前を付けたものです。scope メソッドの第 2 引数は Proc オブ
> ジェクトで、その中に where、order、includes などの検索条件を指定するメソッドを記述します。詳
> しくは 6-3 節を参照してください。

10-2-3 ヘッダ

職員ページのヘッダ部分に「新規問い合わせ」リンクを表示するためのヘルパーメソッド number_of_
unprocessed_messages を定義します。

261

Chapter 10 Ajax

リスト 10-23　app/helpers/staff_helper.rb (New)

```ruby
module StaffHelper
  include HtmlBuilder

  def number_of_unprocessed_messages
    markup do |m|
      m.a(href: "#") do
        m << "新規問い合わせ"
        anchor_text =
          if (c = CustomerMessage.unprocessed.count) > 0
            "(#{c})"
          else
            ""
          end
        m.span(
          anchor_text,
          id: "number-of-unprocessed-messages",
          "data-path" => staff_messages_count_path
        )
      end
    end
  end
end
```

　先ほど作った CustomerMessage の unprocessed スコープを用いて新規問い合わせの件数を調べ、その数が 0 より大きければ、括弧の中に入れてリンク文字列に加えています。後で JavaScript プログラム側でその部分の数字を書き換えやすいように、件数表示部分を span タグで囲み id 属性を設定しています。また、本節の冒頭で新たに追加した URL へのパスを生成するヘルパーメソッド staff_messages_count_path を用いて、data-path 属性にも値をセットしています。

　ヘッダにリンクを設置します。

リスト 10-24　app/views/staff/shared/_header.html.erb

```erb
     :
12    <%= link_to "アカウント", :staff_account if current_staff_member %>
13 +  <%= number_of_unprocessed_messages if current_staff_member %>
14   </header>
```

　動作確認をします。ブラウザで職員ページにログインすると、図 10-3 のようにヘッダに「新規問い合わせ (2)」のようなリンクが表示されます。もちろん、括弧の中の数字は読者の皆さんが前節で何件問い合わせを送信したかによって変化します。

262

● 10-2 問い合わせ到着の通知

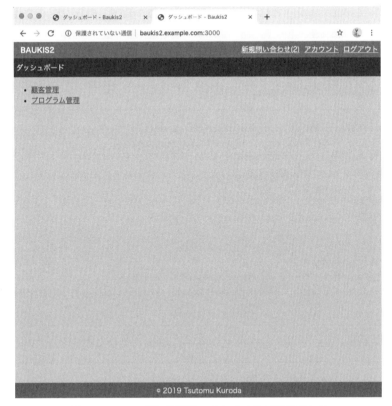

図 10-3　ヘッダに新規問い合わせの数が通知される

10-2-4 Ajax

いよいよ、本章のメインテーマである Ajax にたどり着きました。

■ JavaScript プログラム

app/javascript/packs ディレクトリにある staff.js を次のように書き換えてください。

リスト 10-25　app/javascript/packs/staff.js

```
  :
6     import "../staff/customer_form.js";
7     import "../staff/entries_form.js";
8 +   import "../staff/messages.js";
```

Chapter 10 Ajax

　準備が整いましたので、1 分ごとに新規問い合わせ件数を調べて職員ページのヘッダを更新する
JavaScript プログラムを書きましょう。app/javascript/staff ディレクトリに新規ファイル messages.js
を次の内容で作成してください。

リスト 10-26　app/javascript/staff/messages.js (New)

```
 1  function update_number_of_unprocessed_messages() {
 2    const elem = $("#number-of-unprocessed-messages")
 3    $.get(elem.data("path"), (data) => {
 4      if (data === "0") elem.text("")
 5      else elem.text("(" + data + ")")
 6    })
 7    .fail(() => window.location.href = "/login")
 8  }
 9
10  $(document).ready(() => {
11    if ($("#number-of-unprocessed-messages").length)
12      window.setInterval(update_number_of_unprocessed_messages, 1000 * 60)
13  })
```

　まずは、関数 update_number_of_unprocessed_messages の中身をご覧ください。

```
const elem = $("#number-of-unprocessed-messages")
$.get(elem.data("path"), (data) => {
  if (data === "0") elem.text("")
  else elem.text("(" + data + ")")
})
.fail(() => window.location.href = "/login")
```

　$.get は jQuery のメソッドです。この部分は、次のパターンに従っています。

```
$.get(X, (data) => {
  Y
})
.fail(Z)
```

　X が Ajax でアクセスする API の URL、Y がアクセスの結果を受けて実行するコードを示します。引
数 data には API から戻ってくるデータが格納されており、Y の中でその値を参照できます。また、
.fail(Z) を指定すると、Ajax によるアクセスが失敗したときに Z が実行されます。

　新規問い合わせの件数を表示するための span 要素の id 属性には "number-of-unprocessed-messages"
という値が設定されています。その事実を利用して、この span 要素を変数 elem にセットしています。

264

この span 要素の data-path 属性には、新規問い合わせ件数を調べる API の URL パスがセットされています。data- で始まる名前を持つ属性の値は、jQuery の data メソッドで取得できます。

この URL パスに対して jQuery の $.get メソッドを用いて Ajax 呼び出しを行います。API からのレスポンスは新規問い合わせ件数を表す文字列です。その値が "0" であれば span 要素の中身を空にし、そうでなければその値をカッコで囲んだ文字列で span 要素の中身を置き換えます。

一方で、職員が途中で利用停止になったり、アクセスが許可される IP アドレスが変更されたり、セッションタイムアウトが発生する可能性もあります。その際は、Staff::AjaxController で設定した before_action コールバックにより、サーバーからはステータスコード 403 が返却されます。

Javascript 側ではステータスコード 403 を受け取ると「Ajax によるアクセスが失敗した」と判断し、.fail() 以下のコードを実行してログインページへとリダイレクションをするようにしています。

次に、9-11 行のコードをご覧ください。

```
$(document).ready(() => {
  if ($("#number-of-unprocessed-messages").length)
    window.setInterval(update_number_of_unprocessed_messages, 1000 * 60)
})
```

window.setInterval は第 1 引数に指定した関数を一定間隔で呼び出す関数です。呼び出し間隔は第 2 引数にミリ秒単位で指定します。ここでは 60,000 ミリ秒（＝ 1 分）という間隔を指定しています。

ただし、職員がログインしていない状態ではヘッダに問い合わせ件数を表示しないため Ajax によるアクセスは不要です。Javascript プログラムでは数値 0 が false と判定される事実を利用して、$("#number-of-unprocessed-messages").length の値を調べた上で、window.setInterval が実行されるように条件を指定しています。

また、$(document).ready メソッドが呼ばれている点に注目してください。同じディレクトリにある entries_form.js 等では次のような書き方がされています。

```
$(document).on("turbolinks:load", () => {
  ...
})
```

$(document).on メソッドの第 1 引数に "turbolinks:load" が指定されています。この違いはとても重要です。

Baukis2 では、Turbolinks（画面遷移を高速化させるライブラリ）という仕組みが有効であるため、Baukis2 の職員用サイト内でリンクをクリックして画面遷移しても、ページ全体のリロードは発生しません。その際、turbolinks:load というイベントが発生します。

Chapter 10 Ajax

もし messages.js において、$(document).on メソッドの第1引数に "turbolinks:load" を指定すると、画面遷移のたびに window.setInterval メソッドが呼ばれます。このメソッドの効果はページ全体のリロードが発生するまで有効なので、1分おきに新規問い合わせ件数を調べる処理が多重に登録されてしまうことになります。つまり、画面遷移を繰り返すと、1分未満の間隔で頻繁に Ajax 呼び出しが行われてしまうのです。

$(document).ready メソッドを使用した場合、ブラウザのアドレスバーに URL を入力したり、ブラウザをリロードしたりして、ページ全体が読み込まれた直後にしか window.setInterval メソッドが呼ばれません。

このような仕組みにより、職員ページのヘッダに表示される新規問い合わせ件数は1分おきに自動的に更新されます。

■ 動作確認

では、動作確認をしましょう。

ブラウザでタブを2つ開き、Baukis2 に一方で顧客としてログインし、他方で職員としてログインします。そして、職員ページのヘッダにある「新規問い合わせ」の数字を確認した上で、顧客ページから新たに問い合わせを送信します。そして、職員ページのタブを選択し、ページを更新せずに待ちます。1分以内に「新規問い合わせ」の数字が1増えれば、成功です。

また、さらに別のタブを開いて管理者としてログインします。対象となる職員の利用停止フラグを ON に切り替えて、職員としてログインしているタブを選択し、1分以内にログインページにリダイレクトされていれば OK です。その他、セッションタイムアウトや許可 IP アドレスの変更が起こった場合についての説明は割愛します。

10-2-5 アクセス制限

最後に、staff/ajax#message_count アクションに対するアクセス制限を加えます。このアクションは Ajax でしか使用しないので、ブラウザで直接アクセスできないようにします。

まず、ApplicationController クラスに reject_non_xhr というプライベートメソッドを定義します。

● 10-2 問い合わせ到着の通知

リスト 10-27　app/controllers/application_controller.rb

```
     :
19     private def rescue403(e)
20       @exception = e
21       render "errors/forbidden", status: 403
22     end
23 +
24 +   private def reject_non_xhr
25 +     raise ActionController::BadRequest unless request.xhr?
26 +   end
27   end
```

XHR は XMLHttpRequest の略で、「Ajax によるリクエスト」を意味します。request オブジェクト（本編 6-3 節参照）の xhr? メソッドは、リクエストが Ajax によるものかどうかを判定します。

次に、例外 ActionController::BadRequest を捕捉するコードを ErrorHandlers モジュールに加えます。

リスト 10-28　app/controllers/concerns/error_handlers.rb

```
1   module ErrorHandlers
2     extend ActiveSupport::Concern
3
4     included do
5       rescue_from StandardError, with: :rescue500
6       rescue_from ActiveRecord::RecordNotFound, with: :rescue404
7 +     rescue_from ActionController::BadRequest, with: :rescue400
8       rescue_from ActionController::ParameterMissing, with: :rescue400
9     end
     :
```

> rescue400 メソッドに関しては、本編 11-1 節で解説しています。本編では、フォームから送信された
> データが Strong Parameters で拒否された場合に rescue400 メソッドを使用しました。

この reject_non_xhr メソッドが、staff/ajax#message_count アクションの前に実行されるようにします。

267

Chapter 10 Ajax

リスト 10-29　app/controllers/staff/messages_controller.rb

```
 1    class Staff::AjaxController < ApplicationController
 2      before_action :check_source_ip_address
 3      before_action :authorize
 4      before_action :check_timeout
 5 +    before_action :reject_non_xhr
 6
 7      # GET
 8      def messsage_count
 9        render plain: CustomerMessage.unprocessed.count
10      end
 :
```

職員が staff/ajax#message_count の結果をブラウザで見ること自体に特段のリスクはありませんので、ここで行ったアクセス制限に大きな意味はありません。request オブジェクトの xhr? メソッドを用いたアクセス制限のやり方を紹介するための単なる例であると考えてください。

● 10-2 問い合わせ到着の通知

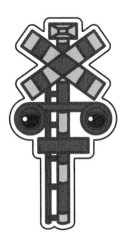

Chapter 11
ツリー構造

Chapter 11 では、メッセージ（顧客からの問い合わせおよび返信）を一覧表示する機能を作ります。ただし、単なる一覧表示ではなく、ある問い合わせを起点とする返信のやり取りをツリー状に表示します。

11-1 問い合わせの一覧表示と削除

この節では、職員ページに顧客からの問い合わせをリスト表示する機能と特定の問い合わせを削除する機能を実装します。本編で類似の機能を繰り返し作ってきましたので、細かい説明は省いて実装手順を淡々と示して行きます。

11-1-1 ルーティング

config/routes.rb を次のように書き換えます。

リスト 11-1　config/routes.rb

```
    :
19      get "messages/count" => "ajax/message_count"
20 +    resources :messages, only: [ :index, :show, :destroy ] do
```

● 11-1 問い合わせの一覧表示と削除

```
21 +          get :inbound, :outbound, :deleted, on: :collection
22 +        end
  :
```

inbound、outbound、deleted は、それぞれ「問い合わせ一覧」、「送信一覧」、「ゴミ箱」を表示する
ためのアクションです。いずれの場合も複数のデータベースレコードへのアクセスが発生するため、
コレクションルーティングとして設定しています。

11-1-2 リンクの設置

職員ページのダッシュボードにメッセージ管理のためのリンクを設置します。

リスト 11-2　app/views/staff/top/dashboard.html.erb

```
1    <% @title = "ダッシュボード" %>
2    <h1><%= @title %></h1>
3
4    <ul class="menu">
5      <li><%= link_to "顧客管理", :staff_customers %></li>
6      <li><%= link_to "プログラム管理", :staff_programs %></li>
7 +    <li>メッセージ管理
8 +      <ul>
9 +        <li><%= link_to "問い合わせ一覧", :inbound_staff_messages %></li>
10 +       <li><%= link_to "返信一覧", :outbound_staff_messages %></li>
11 +       <li><%= link_to "全メッセージ一覧", :staff_messages %></li>
12 +       <li><%= link_to "ゴミ箱", :deleted_staff_messages %></li>
13 +     </ul>
14 +   </li>
15   </ul>
```

また、ヘッダの「新規問い合わせ」リンクが正しい URL を参照するように、ヘルパーメソッド
number_of_unprocessed_messages を書き換えます。

リスト 11-3　app/helpers/staff_helper.rb

```
  :
4      def number_of_unprocessed_messages
5        markup do |m|
6 -        m.a(href: "#") do
6 +        m.a(href: inbound_staff_messages_path) do
```

271

```
7        m << "新規問い合わせ"
:
```

ブラウザで職員ページにログインすると、図 11-1 のような画面が表示されます。

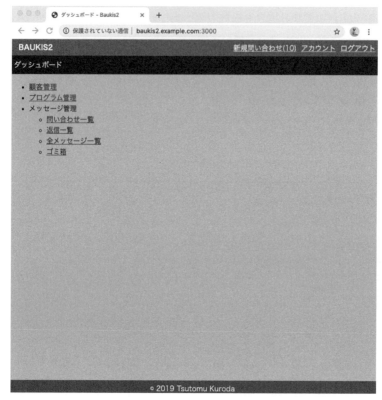

図 11-1　職員のダッシュボードにリンクを設置

11-1-3 メッセージ一覧

■ スコープの設定

　メッセージ管理の各ページ（問い合わせ一覧、返信一覧、全メッセージ一覧、ゴミ箱）を表示するアクションを実装しやすくするため、Message モデルに 3 つのスコープ not_deleted、deleted、sorted を設定します。

● 11-1 問い合わせの一覧表示と削除

リスト 11-4 　app/models/message.rb

```
  :
16       validates :subject, presence: true, length: { maximum: 80 }
17       validates :body, presence: true, length: { maximum: 800 }
18 +
19 +     scope :not_deleted, -> { where(deleted: false) }
20 +     scope :deleted, -> { where(deleted: true) }
21 +     scope :sorted, -> { order(created_at: :desc) }
22     end
```

■ アクションの実装

まず、コントローラの骨組みを生成します。

```
$ bin/rails g controller staff/messages
```

生成されたコントローラファイルに4つのアクション index、inbound、outbound、deleted を追加します。

リスト 11-5 　app/controllers/staff/messages_controller.rb

```
 1 -  class Staff::MessagesController < ApplicationController
 1 +  class Staff::MessagesController < Staff::Base
 2 +    def index
 3 +      @messages = Message.not_deleted.sorted.page(params[:page])
 4 +    end
 5 +
 6 +    # GET
 7 +    def inbound
 8 +      @messages = CustomerMessage.not_deleted.sorted.page(params[:page])
 9 +      render action: "index"
10 +    end
11 +
12 +    # GET
13 +    def outbound
14 +      @messages = StaffMessage.not_deleted.sorted.page(params[:page])
15 +      render action: "index"
16 +    end
17 +
18 +    # GET
19 +    def deleted
```

273

Chapter 11 ツリー構造

```
20 +      @messages = Message.deleted.sorted.page(params[:page])
21 +      render action: "index"
22 +    end
23   end
```

いずれのアクションも Message モデルで設定したスコープを利用して、インスタンス変数 @messages
をセットしています。なお、inbound, outbound, deleted では index アクションと共通のテンプレー
トを利用します。

■ ERB テンプレート

これらのアクションで共通して使用する ERB テンプレートを作ります。

リスト 11-6　app/views/staff/messages/index.html.erb (New)

```
1    <%
2    @title =
3      case params[:action]
4      when "index"; "全メッセージ一覧"
5      when "inbound"; "問い合わせ一覧"
6      when "outbound"; "返信一覧"
7      when "deleted"; "メッセージ一覧 (ゴミ箱) "
8      else; raise
9      end
10   %>
11   <h1><%= @title %></h1>
12
13   <div class="table-wrapper">
14     <%= paginate @messages %>
15
16     <table class="listing">
17       <tr>
18         <th>種類</th>
19         <th>送信者</th>
20         <th>受信者</th>
21         <th>件名</th>
22         <th>作成日時</th>
23         <th>アクション</th>
24       </tr>
25       <% @messages.each do |m| %>
26         <% p = MessagePresenter.new(m, self) %>
27         <tr>
```

274

● 11-1 問い合わせの一覧表示と削除

```
28        <td><%= p.type %></td>
29        <td><%= p.sender %></td>
30        <td><%= p.receiver %></td>
31        <td><%= p.truncated_subject %></td>
32        <td><%= p.created_at %></td>
33        <td class="actions">
34          <%= link_to "詳細", staff_message_path(m) %> |
35          <%= link_to_if m.kind_of?(CustomerMessage), "削除",
36            staff_message_path(m), method: :delete %>
37        </td>
38      </tr>
39    <% end %>
40  </table>
41
42  <%= paginate @messages %>
43 </div>
```

■ モデルプレゼンター

Messageモデルのためのモデルプレゼンターを作成します。

リスト 11-7　app/presenters/message_presenter.rb (New)

```
1  class MessagePresenter < ModelPresenter
2    delegate :subject, :body, to: :object
3
4    def type
5      case object
6      when CustomerMessage
7        "問い合わせ"
8      when StaffMessage
9        "返信"
10     else
11       raise
12     end
13   end
14
15   def sender
16     case object
17     when CustomerMessage
18       object.customer.family_name + " " + object.customer.given_name
19     when StaffMessage
20       object.staff_member.family_name + " " + object.staff_member.given_name
```

275

Chapter 11 ツリー構造

```
21        else
22          raise
23        end
24      end
25
26      def receiver
27        case object
28        when CustomerMessage
29          ""
30        when StaffMessage
31          object.customer.family_name + " " + object.customer.given_name
32        else
33          raise
34        end
35      end
36
37      def truncated_subject
38        view_context.truncate(subject, length: 20)
39      end
40
41      def created_at
42        if object.created_at > Time.current.midnight
43          object.created_at.strftime("%H:%M:%S")
44        elsif object.created_at > 5.months.ago.beginning_of_month
45          object.created_at.strftime("%m/%d %H:%M")
46        else
47          object.created_at.strftime("%Y/%m/%d %H:%M")
48        end
49      end
50    end
```

38 行目の truncate メソッドは引数に渡された文字列を省略した形で表示するヘルパーメソッドです。length オプションを指定することで省略後の文字数を設定することができます。なお、このオプションを指定しない場合の省略後の文字数は 30 文字になります。

created_at メソッドは、メッセージの作成日時を読みやすいフォーマットの文字列に直します。今日作成されたメッセージであれば時刻のみを表示し、半年前よりも新しいメッセージであれば年を省略しています。

276

● 11-1 問い合わせの一覧表示と削除

11-1-4 シードデータの投入

開発用のシードデータを投入するスクリプトを作成します。db/seeds.rb を次のように書き換えて
ください。

リスト 11-8　db/seeds.rb

```
1    table_names = %w(
2      staff_members administrators staff_events customers
3 -    programs entries
3 +    programs entries messages
4    )
:
```

db/seeds/development ディレクトリに、新規ファイル messages.rb を次のような内容で作成して
ください。

リスト 11-9　db/seeds/development/messages.rb (New)

```
1    customers = Customer.all
2    staff_members = StaffMember.where(suspended: false).all
3
4    s = 2.years.ago
5    23.times do |n|
6      m = CustomerMessage.create!(
7        customer: customers.sample,
8        subject: "これは問い合わせです。" * 4,
9        body: "これは問い合わせです。\n" * 8,
10       created_at: s.advance(months: n)
11     )
12     r = StaffMessage.create!(
13       customer: m.customer,
14       staff_member: staff_members.sample,
15       root: m,
16       parent: m,
17       subject: "これは返信です。" * 4,
18       body: "これは返信です。\n" * 8,
19       created_at: s.advance(months: n, hours: 1)
20     )
21     if n % 6 == 0
22       m2 = CustomerMessage.create!(
23         customer: r.customer,
24         root: m,
```

277

Chapter 11　ツリー構造

```
25          parent: r,
26          subject: "これは返信への回答です。",
27          body: "これは返信への回答です。",
28          created_at: s.advance(months: n, hours: 2)
29        )
30        StaffMessage.create!(
31          customer: m2.customer,
32          staff_member: staff_members.sample,
33          root: m,
34          parent: m2,
35          subject: "これは回答への返信です。",
36          body: "これは回答への返信です。",
37          created_at: s.advance(months: n, hours: 3)
38        )
39      end
40    end
41
42    s = 24.hours.ago
43    8.times do |n|
44      CustomerMessage.create!(
45        customer: customers.sample,
46        subject: "これは問い合わせです。" * 4,
47        body: "これは問い合わせです。\n" * 8,
48        created_at: s.advance(hours: n * 3)
49      )
50    end
```

シードデータを投入します。

```
$ bin/rails db:reset
```

11-1-5 動作確認

　ブラウザで職員トップページから「問い合わせ一覧」リンクをクリックすると図 11-2 のような画面が表示されます。

● 11-1 問い合わせの一覧表示と削除

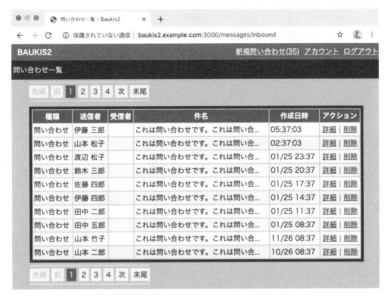

図 11-2　問い合わせ一覧画面

「返信一覧」リンクをクリックすると図 11-3 のような画面が表示されます。

図 11-3　返信一覧画面

Chapter 11 ツリー構造

「全メッセージ一覧」リンクをクリックすると図 11-4 のような画面が表示されます。

図 11-4　全メッセージ一覧画面

「ゴミ箱」リンクをクリックすると図 11-5 のような画面が表示されます。

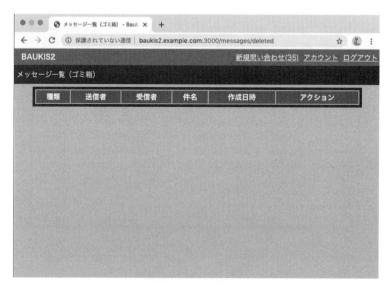

図 11-5　ゴミ箱画面

● 11-1 問い合わせの一覧表示と削除

11-1-6 問い合わせの削除

staff/messages コントローラに destroy アクションを追加します。

リスト 11-10　app/controllers/staff/messages_controller.rb

```
     :
18       # GET
19       def deleted
20         @messages = Message.deleted.sorted.page(params[:page])
21         render action: "index"
22       end
23 +
24 +     def destroy
25 +       message = CustomerMessage.find(params[:id])
26 +       message.update_column(:deleted, true)
27 +       flash.notice = "問い合わせを削除しました。"
28 +       redirect_back(fallback_location: :staff_root)
29 +     end
30     end
```

　他のコントローラの destroy アクションとは異なり、対象となる問い合わせをデータベースから完全に削除せずに deleted フラグを true にセットしています。この結果、その問い合わせは「ゴミ箱」に移動します。

　28 行目で使用されている redirect_back メソッドは、このアクションの呼び出し元の URL にリダイレクションを行います。Rails はリクエストヘッダ HTTP_REFERER の値を呼び出し元の URL として使用します。このリクエストヘッダが設定されていない場合に備えて、redirect_back メソッドの fallback_location オプションを指定します。このオプションは必須です。

> Rails 5.0 までは redirect_to メソッドにシンボル :back を指定することで、redirect_back メソッドと同様の働きをさせることができました。しかし、redirect_to メソッドには fallback_location のようなオプションを指定できないため、Rails 5.1 でこの用法は廃止されました。

　動作確認のため、ブラウザで問い合わせ一覧から適当な問い合わせを選んで「削除」リンクをクリックしてください。対象となった問い合わせが「ゴミ箱」に移動すれば OK です。

281

Chapter 11 ツリー構造

11-2 メッセージツリーの表示

この節では、メッセージ（顧客からの問い合わせおよび返信）の詳細表示機能を作ります。単に、メッセージの件名、本文などを表示するだけでなく、そのメッセージの起点となった問い合わせと関連付けられたすべてのメッセージをツリー状に表示します。

11-2-1 show アクション

まず、staff/messages#show アクションを追加します。

リスト 11-11　app/controllers/staff/messages_controller.rb

```
   :
18      # GET
19      def deleted
20        @messages = Message.deleted.sorted.page(params[:page])
21        render action: "index"
22      end
23 +
24 +    def show
25 +      @message = Message.find(params[:id])
26 +    end
27
28      def destroy
   :
```

ERB テンプレートを作ります。

リスト 11-12　app/views/staff/messages/show.html.erb (New)

```
1    <% @title = "メッセージ詳細" %>
2    <h1><%= @title %></h1>
3
4    <div class="table-wrapper">
5      <table class="attributes">
6        <% p = MessagePresenter.new(@message, self) %>
7        <tr><th>種類</th><td><%= p.type %></td></tr>
8        <tr><th>送信者</th><td><%= p.sender %></td></tr>
9        <tr><th>受信者</th><td><%= p.receiver %></td></tr>
10       <tr><th>件名</th><td><%= p.subject %></td></tr>
```

282

● 11-2 メッセージツリーの表示

```
11        <tr><th>作成日時</th><td class="date"><%= p.created_at %></td></tr>
12      </table>
13
14      <div class="body"><%= p.formatted_body %></div>
15    </div>
```

Message モデルのプレゼンターに、formatted_body メソッドを追加します。

リスト 11-13 　 app/presenters/message_presenter.rb

```
   :
37      def truncated_subject
38        view_context.truncate(subject, length: 20)
39      end
40 +
41 +    def formatted_body
42 +      ERB::Util.html_escape(body).gsub(/\n/, "<br>").html_safe
43 +    end
44
45      def created_at
   :
```

スタイルシートを修正します。

リスト 11-14 　 app/assets/stylesheets/staff/divs_and_spans.scss

```
1    @import "colors";
2    @import "dimensions";
3
4 -  div.description {
4 +  div.description, div.body {
5      margin: $wide;
6      padding: $wide;
7      background-color: $very_light_gray;
8    }
```

そして、ブラウザで表示確認をします（図 11-6）。

283

Chapter 11 ツリー構造

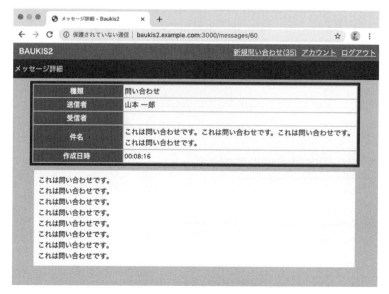

図 11-6　メッセージ詳細画面

11-2-2 メッセージツリーの表示

続いて、メッセージの詳細表示ページにメッセージツリーを表示します。準備作業として、あるメッセージに対する返信の集合を返す関連付け children を定義します。

リスト 11-15　app/models/message.rb

```
1    class Message < ApplicationRecord
2      belongs_to :customer
3      belongs_to :staff_member, optional: true
4      belongs_to :root, class_name: "Message", foreign_key: "root_id",
5        optional: true
6      belongs_to :parent, class_name: "Message", foreign_key: "parent_id",
7        optional: true
8  +   has_many :children, class_name: "Message", foreign_key: "parent_id",
9  +     dependent: :destroy
10
11     validates :subject, :body, presence: true
:
```

そして、MessagePresenter クラスに tree メソッドと expand メソッドを追加します。

284

● 11-2 メッセージツリーの表示

リスト 11-16　app/presenters/message_presenter.rb

```
  :
51           object.created_at.strftime("%Y/%m/%d %H:%M")
52       end
53     end
54 +
55 +   def tree
56 +     expand(object.root || object)
57 +   end
58 +
59 +   private def expand(node)
60 +     markup(:ul) do |m|
61 +       m.li do
62 +         if node.id == object.id
63 +           m.strong(node.subject)
64 +         else
65 +           m << link_to(node.subject, view_context.staff_message_path(node))
66 +         end
67 +         node.children.each do |c|
68 +           m << expand(c)
69 +         end
70 +       end
71 +     end
72 +   end
73   end
```

　プライベートメソッド expand は再帰メソッド（recursive method）として定義されています。これは、自分自身を呼び出すメソッドです。68 行目で、変数 c を引数として expand メソッドを呼び出しています。

```
        m << expand(c)
```

　具体的な例に沿ってこのメソッドの働きを理解することにしましょう。図 11-7 は、顧客と職員の間のメッセージのやり取りを示したものです。

　M1 が顧客からの最初のメッセージ（問い合わせ）で、M2 がそのメッセージへの回答、その回答に対して顧客から M3 と M4 というメッセージが送られ、最後に職員から M1 に対する回答として新たにメッセージ M5 が送られています。このメッセージツリーを expand メソッドで処理すると、どういうことになるでしょうか。

　まず、tree メソッドから expand メソッドに渡される引数は M1 に相当する Message オブジェクトです。60 行目の markup(:ul) で ul 要素が開始され、さらに 61 行目の m.li で li 要素が開始されます。

285

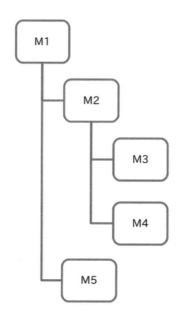

図 11-7　メッセージのやり取りを示す模式図

62-66 行をご覧ください。

```
if node.id == object.id
  m.strong(node.subject)
else
  m << link_to(node.subject, view_context.staff_message_path(node))
end
```

変数 node は引数（M1 に相当する Message オブジェクト）を指しています。メソッド object は、ページに詳細表示される対象のメッセージを返します。この 2 つの id 属性が一致する（つまり、同じオブジェクトである）場合は、変数 node の subject 属性（件名）を strong タグで囲みます。一致しない場合は、変数 node の subject 属性（件名）を a タグで囲みます。リンク先 URL はヘルパーメソッド staff_message_path で生成します。

次に、67-69 行をご覧ください。

```
node.children.each do |c|
  m << expand(c)
end
```

● 11-2 メッセージツリーの表示

M1 に相当する Message オブジェクトの children メソッドが返す配列に対して each ブロックによる繰り返し処理を行っています。M1 には M2 と M5 という 2 つの子がありますので、1 回目のループではブロック変数 c に M2 に相当する Message オブジェクトがセットされます。それが expand メソッドに引数として渡されます。

expand メソッドの処理が再び始まります。60 行目で ul 要素が開始され、61 行目で li 要素が開始されます。そして、62-66 行で strong 要素または a 要素が生成されます。

67-69 行ではどうなるでしょうか。先ほどと同じですが、コードを再び引用します。

```
node.children.each do |c|
  m << expand(c)
end
```

今、変数 node は M2 相当の Message オブジェクトを指しています。したがって、その children メソッドは M3 と M4 に相当する 2 つの Message オブジェクトを返します。1 回目のループでは、ブロック変数 c には M3 相当の Message オブジェクトがセットされます。それが expand メソッドに引数として渡されます。

expand メソッドの処理が三たび始まります。ul 要素と li 要素が始まり、strong 要素または a 要素が生成されます。そして、問題の 67-69 行に至ります。ここで、変数 node は M3 相当の Message オブジェクトを指していますので、その children は空の配列を返します。したがって、each ブロックによる繰り返しは行われません。そして expand メソッドが終了します。

すると、処理は 2 回目の expand メソッド内の each ループ（M3 と M4 を処理しているところ）に戻ります。M3 の処理は終わったので、次は M4 です。M4 の処理の流れは M3 とまったく同じです。M4 相当の Message オブジェクトには子がないので、67-69 行の処理はスキップして直ちに戻ってきます。これで、2 回目の expand メソッドが終わりです。

処理は、1 回目の expand メソッド内の each ループ（M2 と M5 を処理しているところ）に戻ります。M2 の処理は終わったので、次は M5 です。M5 には子がないので、67-69 行の処理はスキップして直ちに戻ってきます。こうして、ようやく 1 回目の expand メソッドが終了し、出発点の tree メソッドに処理が戻ります。

以上の複雑な処理を経て、私たちが得る HTML コードは次のようなものになります。

```
<ul>
  <li><a href="messages/1">M1の件名</a>
    <ul>
      <li><strong>M2の件名</strong>
        <ul>
```

287

Chapter 11 ツリー構造

```
            <li><a href="messages/3">M3の件名</a></li>
            <li><a href="messages/4">M4の件名</a></li>
          </ul>
        </li>
        <li><a href="messages/5">M5の件名</a></li>
      </ul>
    </li>
  </ul>
```

ただし、これは M2 の詳細を表示しているときの HTML コードの例です。

では、このメッセージツリーを ERB テンプレートに埋め込みましょう。

リスト 11-17　app/views/staff/messages/show.html.erb

```
 :
12        </table>
13
14 +      <div class="tree"><%= p.tree %></div>
15        <div class="body"><%= p.formatted_body %></div>
16      </div>
```

この結果、あるメッセージの詳細ページは図 11-8 のように表示されます。

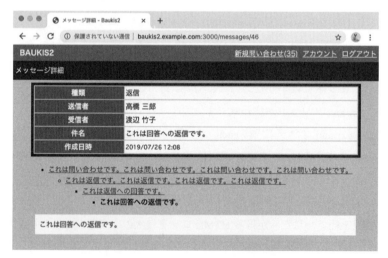

図 11-8　メッセージツリーの表示

● 11-3 パフォーマンスチューニング

11-3 パフォーマンスチューニング

本節では、メッセージツリーの表示にかかる時間を短縮する方法について検討します。

11-3-1 パフォーマンスの計測

メッセージツリーの表示には成功しましたが、私にはまだ改善の余地があるように思われます。現在の実装では、ツリーの根元で子の配列を取り、その要素ひとつひとつで子の配列を取り、さらにその要素ひとつひとつで子の配列を取り…という風に処理が進んでいきます。「子の配列を取る」ごとにデータベースへのアクセスが必要となります。非常に深い構造を持つメッセージツリーの場合、データベースアクセスの回数がかなり多くなります。あるメッセージツリーに属するメッセージは、（ルートを除いて）すべて root_id カラムにルートの主キーを持っていますので、2回ないし3回のデータベースアクセスで全メッセージのデータを取得できるはずです。

> 詳細表示の対象であるメッセージがルートメッセージである場合は2回のクエリで済みます。そうでない場合は、ルートメッセージを取るクエリが加わるので3回となります。

では、改善策を考える前に現在の実装でデータベースへのアクセスにどのくらいの時間がかかっているかを計測しておきましょう。

いくつか準備作業をします。まず、db ディレクトリに scripts ディレクトリを作ってください。

```
$ mkdir -p db/scripts
```

そして、パフォーマンス測定用に深くネストされたメッセージツリーをデータベースに投入するスクリプト deep_tree.rb を次の内容でこのディレクトリに作成します。

リスト 11-18　db/scripts/deep_tree.rb (New)

```
1  def create_replies(root, m, n)
2    return if n == 0
3
4    r = StaffMessage.create!(
5      customer: m.customer,
6      staff_member: StaffMember.where(suspended: false).first,
7      root: root,
```

289

Chapter 11 ツリー構造

```
 8        parent: m,
 9        subject: "REPLY",
10        body: "TEST"
11      )
12
13      m2 = CustomerMessage.create!(
14        customer: r.customer,
15        root: root,
16        parent: r,
17        subject: "REPLY",
18        body: "REPLY"
19      )
20
21      create_replies(root, m2, n - 1)
22    end
23
24    Message.destroy_all
25
26    root = CustomerMessage.create!(
27      customer: Customer.first,
28      subject: "ROOT",
29      body: "TEST"
30    )
31
32    create_replies(root, root, 10)
```

このスクリプトについての詳しい説明は省きます。データベースから問い合わせをすべて削除してから、ある顧客からの問い合わせに対して、職員と顧客のやり取りが 10 回続いた場合にできるメッセージツリーを作っています。

このスクリプトを実行します。

```
$ bin/rails r db/scripts/deep_tree.rb
```

そして、ブラウザで「問い合わせ一覧」を表示して件名が「ROOT」となっているメッセージの詳細画面を開くと、図 11-9 のように表示されます。

Rails のログを見ると messages テーブルへのクエリが 20 回以上発生していることが分かります。筆者の環境で何度かこのメッセージツリーを表示してみると、Active Record 関連の処理に 6.5〜8.8 ミリ秒程度の時間がかかっています。この時間を短縮する努力をしてみましょう。

290

● 11-3 パフォーマンスチューニング

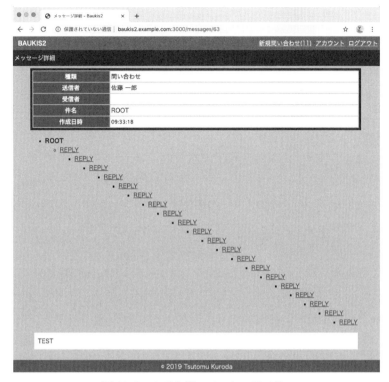

図 11-9 とても深いメッセージツリー

11-3-2 パフォーマンスの向上策

まず、ツリー構造のデータを扱うためのクラス SimpleTree を定義します。

リスト 11-19　app/lib/simple_tree.rb (New)

```
1  class SimpleTree
2    attr_reader :root, :nodes
3
4    def initialize(root, descendants)
5      @root = root
6      @descendants = descendants
7
8      @nodes = {}
9      ([ @root ] + @descendants).each do |d|
10       d.child_nodes = []
11       @nodes[d.id] = d
12     end
```

Chapter 11 ツリー構造

```
13
14        @descendants.each do |d|
15          @nodes[d.parent_id].child_nodes << @nodes[d.id]
16        end
17      end
18    end
```

SimpleTree のコンストラクタの第 1 引数にはルートオブジェクト、第 2 引数にはその子孫オブジェクトの配列を渡します。

8-12 行ではツリーに属するすべてのオブジェクトを値として持つハッシュ @nodes を作っています。このハッシュのキーはオブジェクトの主キーの値です。ハッシュを作りながら、各オブジェクトの child_nodes 属性に空の配列をセットしています。まだ、Message モデルには child_nodes 属性はありませんが、あとで定義します。

14-16 行では、各子孫オブジェクトをその親オブジェクトの child_nodes 属性（配列）に追加しています。

次に、Message モデルを修正します。

リスト 11-20   app/models/message.rb

```
 1    class Message < ApplicationRecord
 2      belongs_to :customer
 3      belongs_to :staff_member, optional: true
 4      belongs_to :root, class_name: "Message", foreign_key: "root_id",
 5        optional: true
 6      belongs_to :parent, class_name: "Message", foreign_key: "parent_id",
 7        optional: true
 8 -    has_many :children, class_name: "Message", foreign_key: "parent_id",
 9 -      dependent: :destroy
 :
21      scope :sorted, -> { order(created_at: :desc) }
22 +
23 +    attr_accessor :child_nodes
24 +
25 +    def tree
26 +      return @tree if @tree
27 +      r = root || self
28 +      messages = Message.where(root_id: r.id).select(:id, :parent_id, :subject)
29 +      @tree = SimpleTree.new(r, messages)
30 +    end
31    end
```

292

● 11-3 パフォーマンスチューニング

関連付け children はもはや使わないので 8-9 行目を削除し、代わりに 23 行目で child_nodes 属性を定義しています。先ほど見たように、この属性には配列がセットされ、子のリストを管理するために利用されます。

25-30 行では、SimpleTree オブジェクトを返す tree メソッドを定義しています。本編 7-3-2 項で説明した遅延初期化のテクニックを用いて、1 回目に呼び出されたときにオブジェクトを初期化し、2 回目以降はすでに初期化されたオブジェクトを返すように実装しています。

28 行目で、ツリーに属する（ルートを除く）メッセージの配列を変数 messages にセットしています。select メソッドについては Chapter 6 で説明しました。メッセージツリーを作成・表示する際に必要となるのは id、parent_id、subject という 3 つのカラムだけなので、データベースへの負荷を減らすため、取得対象のカラムを絞り込んでいます。

最後に、MessagePresenter の tree メソッドを書き換えます。

リスト 11-21　app/presenters/message_presenter.rb

```
     :
55     def tree
56 -     expand(object.root ||object)
56 +     expand(object.tree.root)
57     end
58
59     private def expand(node)
60       markup(:ul) do |m|
61         m.li do
62           if node.id == object.id
63             m.strong(node.subject)
64           else
65             m << link_to(node.subject, view_context.staff_message_path(node))
66           end
67 -         node.children.each do |c|
67 +         node.child_nodes.each do |c|
68             m << expand(c)
69           end
70         end
71       end
72     end
73   end
```

では、結果を見ましょう。改めて、ブラウザで「問い合わせ一覧」を表示して件名が「ROOT」となっているメッセージの詳細画面を開き、Rails のログを見てください。

messages テーブルへのクエリ回数は 3 回に減っています。最初の問い合わせを取るのに 1 回、この

293

Chapter 11 ツリー構造

問い合わせを root として持つメッセージのリストを取るのに 1 回、そしてヘッダに表示する未処理の問い合わせの個数を取るのに 1 回です。

何度かこのメッセージツリーを表示してみると、筆者の環境では Active Record 関連の処理に 1.4〜2.1 ミリ秒程度の時間がかかっています。改善策を施す前は 6.5〜8.8 ミリ秒程度でしたので、まずまずの効果があったと言えるでしょう。

最後に、データベースをリセットして次章に進みましょう。

```
$ bin/rails db:reset
```

● 11-3 パフォーマンスチューニング

Chapter 12
タグ付け

最終章（Chapter 12）では、前章に引き続きメッセージ管理機能を拡張します。まず、職員が問い合わせに返信する機能を作ります。次に、職員がメッセージにタグ（短い文字列）を付けて分類する機能を作ります。

12-1 問い合わせへの返信機能

本節では、職員が顧客からの問い合わせに返信する機能を作成します。Chapter 8で作った顧客からの問い合わせ送信機能とほぼ同じように実装できますので、作成手順を淡々と説明します。

12-1-1 ルーティング

職員によるメッセージ返信機能のためのルーティングを設定します。

リスト 12-1　config/routes.rb

```
   :
20     resources :messages, only: [ :index, :show, :destroy ] do
21       get :inbound, :outbound, :deleted, on: :collection
22 +     resource :reply, only: [ :new, :create ] do
```

● 12-1 問い合わせへの返信機能

```
23 +          post :confirm
24 +        end
25      end
 :
```

コントローラは staff/replies です。messages リソースにネストされています。new アクション
で返信フォームを表示し、confirm アクションで返信内容を確認し、create アクションで返信をデー
タベースに保存します。

12-1-2 リンクの設置

メッセージの詳細表示ページに「返信する」リンクを設置します。

リスト 12-2　app/views/staff/messages/show.html.erb

```
 1    <% @title = "メッセージ詳細" %>
 2    <h1><%= @title %></h1>
 3
 4    <div class="table-wrapper">
 5 +    <% if @message.kind_of?(CustomerMessage) %>
 6 +      <div class="links">
 7 +        <%= link_to "返信する", new_staff_message_reply_path(@message) %>
 8 +      </div>
 9 +    <% end %>
10 +
11      <table class="attributes">
 :
```

顧客からのメッセージ（問い合わせまたは返信への返信）を表示している場合にだけ、リンクは表
示されます。ブラウザで該当ページを開くと図 12-1 のように表示されます。

297

Chapter 12 タグ付け

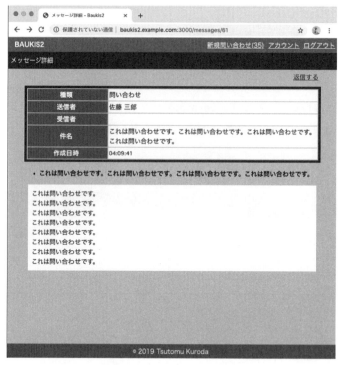

図 12-1　メッセージ詳細画面

12-1-3 返信内容編集フォーム

`staff/replies` コントローラの骨組みを生成します。

```
$ bin/rails g controller staff/replies
```

コントローラのソースコードを次のように書き換えます。

リスト 12-3　app/controllers/staff/replies_controller.rb

```
1 - class Staff::RepliesController < ApplicationController
1 + class Staff::RepliesController < Staff::Base
2 +   before_action :prepare_message
3 +
4 +   def new
5 +     @reply = StaffMessage.new
6 +   end
7 +
```

```
 8 +    private def prepare_message
 9 +      @message = CustomerMessage.find(params[:message_id])
10 +    end
11    end
```

このコントローラは messages リソースにネストされているので、必ず message_id パラメータがアクションに届きます。before_action に指定された prepare_message メソッドで、この値を用いてインスタンス変数 @message に、CustomerMessage オブジェクトをセットしておきます。

返信フォームの ERB テンプレートの本体を作ります。

リスト 12-4　app/views/staff/replies/new.html.erb (New)

```
 1    <% @title = "問い合わせへの返信" %>
 2    <h1><%= @title %></h1>
 3
 4    <div id="generic-form" class="table-wrapper">
 5      <%= form_with model: @reply,
 6        url: confirm_staff_message_reply_path(@message) do |f| %>
 7        <%= render "form", f: f %>
 8        <div class="buttons">
 9          <%= f.submit "確認画面へ進む" %>
10          <%= link_to "キャンセル", :staff_messages %>
11        </div>
12      <% end %>
13      <%= render "message" %>
14    </div>
```

返信フォームの ERB テンプレートの本体は顧客からの問い合わせ用のテンプレートからコピーします。

```
$ cp app/views/customer/messages/_form.html.erb app/views/staff/replies/
```

返信の対象となる元メッセージを表示する部分テンプレートを作ります。

リスト 12-5　app/views/staff/replies/_message.html.erb (New)

```
 1    <% p = MessagePresenter.new(@message, self) %>
 2    <table class="attributes">
 3      <tr><th>送信者</th><td><%= p.sender %></td></tr>
 4      <tr><th>件名</th><td><%= p.subject %></td></tr>
 5      <tr><th>作成日時</th><td class="date"><%= p.created_at %></td></tr>
```

```
6      </table>
7      <div class="body"><%= p.formatted_body %></div>
```

ブラウザでメッセージ詳細ページの「返信する」リンクをクリックすると図 12-2 のような画面となります。

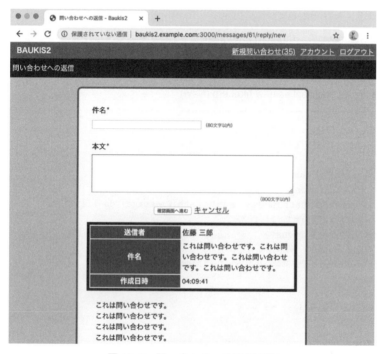

図 12-2　問い合わせへの返信画面

12-1-4 確認画面

メッセージ返信フォームのための確認画面を作ります。まずは、`staff/replies` コントローラに `confirm` アクションを追加します。

リスト 12-6　app/controllers/staff/replies_controller.rb

```
1  class Staff::RepliesController < Staff::Base
2    before_action :prepare_message
3
4    def new
```

● 12-1 問い合わせへの返信機能

```
 5        @reply = StaffMessage.new
 6      end
 7 +
 8 +    # POST
 9 +    def confirm
10 +      @reply = StaffMessage.new(staff_message_params)
11 +      @reply.staff_member = current_staff_member
12 +      @reply.parent = @message
13 +      if @reply.valid?
14 +        render action: "confirm"
15 +      else
16 +        flash.now.alert = "入力に誤りがあります。"
17 +        render action: "new"
18 +      end
19 +    end
20
21      private def prepare_message
22        @message = CustomerMessage.find(params[:message_id])
23      end
24 +
25 +    private def staff_message_params
26 +      params.require(:staff_message).permit(:subject, :body)
27 +    end
28    end
```

Strong Parameters によるフィルタリングを行うため、staff_message_params メソッドを作っています。

続いて、確認画面の ERB テンプレート本体を作成します。

リスト 12-7　app/views/staff/replies/confirm.html.erb (New)

```
 1    <% @title = "問い合わせへの返信（確認）" %>
 2    <h1><%= @title %></h1>
 3
 4    <div id="generic-form" class="table-wrapper">
 5      <%= form_with model: @reply, url: staff_message_reply_path(@message) do |f| %>
 6        <%= render "confirming_form", f: f %>
 7        <div class="buttons">
 8          <%= f.submit "送信" %>
 9          <%= f.submit "訂正", name: "correct" %>
10          <%= link_to "キャンセル", :staff_messages %>
11        </div>
12      <% end %>
```

```
13      <%= render "message" %>
14    </div>
```

最後に、Chapter 9 で作った `ConfirmingFormPresenter` を用いてフォームのための部分テンプレートを作成します。

リスト 12-8 　 app/views/staff/replies/_confirming_form.html.erb (New)

```
1   <%= markup(:div) do |m|
2     p = ConfirmingFormPresenter.new(f, self)
3     m.div "以下の内容で返信します。よろしいですか？"
4     m << p.text_field_block(:subject, "件名")
5     m << p.text_area_block(:body, "本文")
6   end %>
```

ブラウザで返信フォームの件名欄と本文欄に適宜入力して、「確認画面へ進む」ボタンをクリックすると図 12-3 のような画面になります。

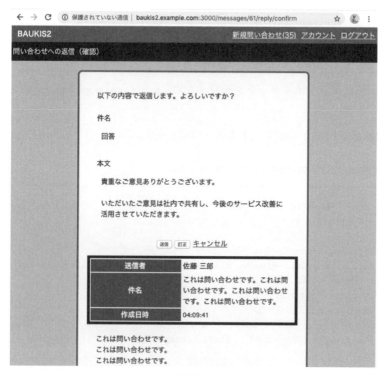

図 12-3　返信の確認画面

● 12-2 メッセージへのタグ付け

12-1-5 返信の送信

staff/replies コントローラに create アクションを追加します。

リスト 12-9　app/controllers/staff/replies_controller.rb

```
 :
17          render action: "new"
18        end
19      end
20 +
21 +    def create
22 +      @reply = StaffMessage.new(staff_message_params)
23 +      if params[:commit]
24 +        @reply.staff_member = current_staff_member
25 +        @reply.parent = @message
26 +        if @reply.save
27 +          flash.notice = "問い合わせに返信しました。"
28 +          redirect_to :outbound_staff_messages
29 +        else
30 +          flash.now.alert = "入力に誤りがあります。"
31 +          render action: "new"
32 +        end
33 +      else
34 +        render action: "new"
35 +      end
36 +    end
37
38      private def prepare_message
 :
```

　職員が確認画面で「送信」ボタンをクリックした場合には commit パラメータが存在していますので、24〜32 行のコードが実行されます。「訂正」ボタンがクリックされた場合には、34 行目のコードが実行されて、返信の編集フォームが表示されます。

12-2 メッセージへのタグ付け

　本節では、職員がメッセージにタグ（短い文字列）を付けて分類する機能を作ります。1
個のメッセージに対して、「緊急」、「苦情」、「請求書」、「法人」など複数のタグを付けられます。タグによってメッセージを検索する機能は次節で実装します。

303

Chapter 12 タグ付け

12-2-1 データベース設計

■ tags テーブル

タグ機能のためのデータベース設計を考えましょう。まず、タグを記録するテーブル tags を定義するところが出発点です。主キー id を除外すれば、このテーブルに必要なのはタグの文字列を記録するカラムだけです。カラム名は value としましょうか。当然、このカラムには一意制約を付けた方がいいですね。

では、tags テーブルのマイグレーションスクリプトを生成してください。

```
$ bin/rails g model tag
$ rm spec/models/tag_spec.rb
```

生成されたファイルを次のように書き換えます。

リスト 12-10　db/migrate/20190101000016_create_tags.rb

```
 1    class CreateTags < ActiveRecord::Migration[6.0]
 2      def change
 3        create_table :tags do |t|
 4 +        t.string :value, null: false
 5
 6          t.timestamps
 7        end
 8 +
 9 +      add_index :tags, :value, unique: true
10      end
11    end
```

■ リンクテーブル

次に、メッセージとタグの関連を検討します。「1 対多」、「多対 1」、「多対多」のどれに当たるでしょうか。メッセージの側から見れば、1 個のメッセージには複数のタグが付きます。逆にタグの側から見れば、1 個のタグには複数のメッセージが付きます。典型的な多対多の関連です。

リレーショナルデータベースにおいて多対多の関連をどう表現するか、というテーマについては Chapter 6 で詳しく説明しました。リンクテーブルというものを用意するのでしたね。Chapter 6 では

304

● 12-2 メッセージへのタグ付け

programs テーブルと customers テーブルを結び付けるリンクテーブルとして entries テーブルを定義しました。今回は、リンクテーブルとして message_tag_links テーブルを作りましょう。

> リンクテーブルの名前には特に決まりはありません。できれば entries のような、短くて分かりやすい名前が望ましいのですが、なかなかよい名前が見つからないこともあります。そのような場合、筆者は結び付けるテーブルを ABC 順に並べた上で、それぞれのテーブル名を単数形に変え、下線（_）で連結し、末尾に "_links" を加えるという規則で機械的にテーブルを作ることにしています。ただし、この方法にも難点があります。テーブル名が長くなりがちだということです。長すぎるテーブル名は扱いづらいので、私は名前の一部を省いたり、省略形を使ったりといった工夫をしています。

message_tag_links テーブルのマイグレーションスクリプトを生成します。

```
$ bin/rails g model message_tag_link
$ rm spec/models/message_tag_link_spec.rb
```

マイグレーションスクリプトを書き換えます。

リスト 12-11　db/migrate/20190101000017_create_message_tag_links.rb

```
 1    class CreateMessageTagLinks < ActiveRecord::Migration[6.0]
 2      def change
 3        create_table :message_tag_links do |t|
 4 +        t.references :message, null: false
 5 +        t.references :tag, null: false
 6
 7          t.timestamps
 8        end
 9 +
10 +      add_index :message_tag_links, [ :message_id, :tag_id ], unique: true
11      end
12    end
```

そして、マイグレーションを実行します。

```
$ bin/rails db:migrate
```

305

Chapter 12 タグ付け

12-2-2 モデル間の関連付け

続いて、3つのモデル Message、Tag、MessageTagLink の間の関連付けを定義します。まず、Message モデルのソースコードを次のように書き換えます。

リスト 12-12　app/models/message.rb

```
 1    class Message < ApplicationRecord
 2      belongs_to :customer
 3      belongs_to :staff_member, optional: true
 4      belongs_to :root, class_name: "Message", foreign_key: "root_id",
 5        optional: true
 6      belongs_to :parent, class_name: "Message", foreign_key: "parent_id",
 7        optional: true
 8 +    has_many :message_tag_links, dependent: :destroy
 9 +    has_many :tags, -> { order(:value) }, through: :message_tag_links
10
11      validates :subject, :body, presence: true
 :
```

has_many メソッドの through オプションについては 6-1-3 項を参照してください。ここでは、第2引数に Proc オブジェクト -> { order(:value) }を指定しています。こうすることで、メッセージに付けられたタグの一覧を取得する際に、自動的に value カラムの値によってソートされます。

次に、Tag モデルのソースコードを次のように書き換えます。

リスト 12-13　app/models/tag.rb

```
 1    class Tag < ApplicationRecord
 2 +    has_many :message_tag_links, dependent: :destroy
 3 +    has_many :messages, through: :message_tag_links
 4    end
```

最後に、MessageTagLink を Message モデルおよび Tag モデルと関連付けます。

リスト 12-14　app/models/message_tag_link.rb

```
 1    class MessageTagLink < ApplicationRecord
 2 +    belongs_to :message
 3 +    belongs_to :tag
 4    end
```

306

12-2-3 Tag-it のインストール

次に、メッセージにタグを追加・削除するユーザーインターフェースを作成します。いろいろな形が考えられますが、今回は図 12-4 のようなものを作ってみます。

図 12-4　タグを追加・削除するインターフェース

メッセージの詳細表示のテーブルに「タグ」という行を追加し、そこに現在設定されているタグが列挙されます。タグを追加したい場合は、最後のタグの右側にあるカーソルに対して文字列を入力し、Enter キーを押します。タグを削除するには、それぞれタグの右にある×印をクリックします。あるいは、最後のタグの右側にカーソルがある状態で Backspace キー（macOS の場合は Delete キー）を押すと、最後のタグが削除されます。

　この種のユーザーインターフェースを実現するには、自分で作るよりもオープンソースで配布されている JavaScript ライブラリを探して導入する方が簡単です。私はいくつかの候補の中から jQuery UI ウィジェットの Tag-it を選びました。

　Tag-it を使用するには、ターミナルで次のコマンドを実行して npm パッケージ `jquery-ui-dist` と `tag-it` をインストールします。

```
$ yarn add jquery-ui-dist tag-it
```

そして、`config/webpack/environment.js` を次のように書き換えます。

リスト 12-15　config/webpack/environment.js

```
1   const { environment } = require("@rails/webpacker")
2
3   const webpack = require("webpack")
4   environment.plugins.prepend("Provide",
5     new webpack.ProvidePlugin({
6 -     $: "jquery/src/jquery",
6 +     $: "jquery",
7 -     jQuery: "jquery/src/jquery"
7 +     jQuery: "jquery"
8   })
9   )
```

Chapter 12　タグ付け

```
10 +
11 +   const aliasConfig = {
12 +     "jquery": "jquery-ui-dist/external/jquery/jquery.js",
13 +     "jquery-ui": "jquery-ui-dist/jquery-ui.js"
14 +   };
15 +
16 +   environment.config.set("resolve.alias", aliasConfig);
17
18     module.exports = environment
```

次に、新規ファイル tags.js を職員用の JavaScript プログラムとして追加します。

リスト 12-16　app/javascript/staff/tags.js (New)

```
1    require("jquery-ui")
2    require("tag-it")
3
4    $(document).on("turbolinks:load", () => {
5      if ($("#tag-it").length) {
6        $("#tag-it").tagit()
7      }
8    })
```

id 属性に tag-it という値がセットされた HTML 要素を Tag-it による操作の対象としています。
app/javascript/packs/staff.js を書き換えます。

リスト 12-17　app/javascript/packs/staff.js

```
:
6      import "../staff/customer_form.js";
7      import "../staff/entries_form.js";
8      import "../staff/messages.js";
9 +    import "../staff/tags.js";
```

最後に、jQuery UI と Tag-it が提供するスタイルシートを Baukis2 に組み込みます。

リスト 12-18　app/assets/stylesheets/staff.css

```
1    /*
2     *= require_tree ./shared
3     *= require_tree ./staff
```

308

● 12-2 メッセージへのタグ付け

```
4 +    *= require jquery-ui-dist/jquery-ui
5 +    *= require tag-it/css/jquery.tagit
6      */
```

> これらの CSS ファイルは node_modules ディレクトリの下にインストールされています。

12-2-4 タグの追加・削除インターフェース

では、実際にタグの追加・削除インターフェースをメッセージ詳細表示ページに埋め込んでみましょう。staff/messages#show アクションの ERB テンプレートを次のように書き換えてください。

リスト 12-19　app/views/staff/messages/show.html.erb

```
 :
11      <table class="attributes">
12        <% p = MessagePresenter.new(@message, self) %>
13        <tr><th>種類</th><td><%= p.type %></td></tr>
14        <tr><th>送信者</th><td><%= p.sender %></td></tr>
15        <tr><th>受信者</th><td><%= p.receiver %></td></tr>
16        <tr><th>件名</th><td><%= p.subject %></td></tr>
17        <tr><th>作成日時</th><td class="date"><%= p.created_at %></td></tr>
18 +      <tr>
19 +        <th>タグ</th>
20 +        <td>
21 +          <%= markup(:ul, id: "tag-it") do |m|
22 +            @message.tags.each do |tag|
23 +              m.li tag.value
24 +            end
25 +          end %>
26 +        </td>
27 +      </tr>
28      </table>
 :
```

そして、ブラウザで適当なメッセージの詳細を表示してみると、図 12-5 のようにタグの追加・削除インターフェースが現れます。

309

Chapter 12 タグ付け

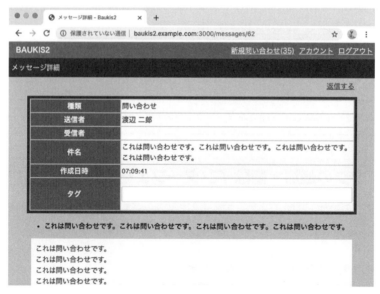

図 12-5 タグの追加・削除インターフェース (1)

　タグの入力欄に「テスト」と入力し Enter キーを押し、さらに「試験」と入力して Enter キーを押してください。すると、図 12-6 のような表示に変わります。

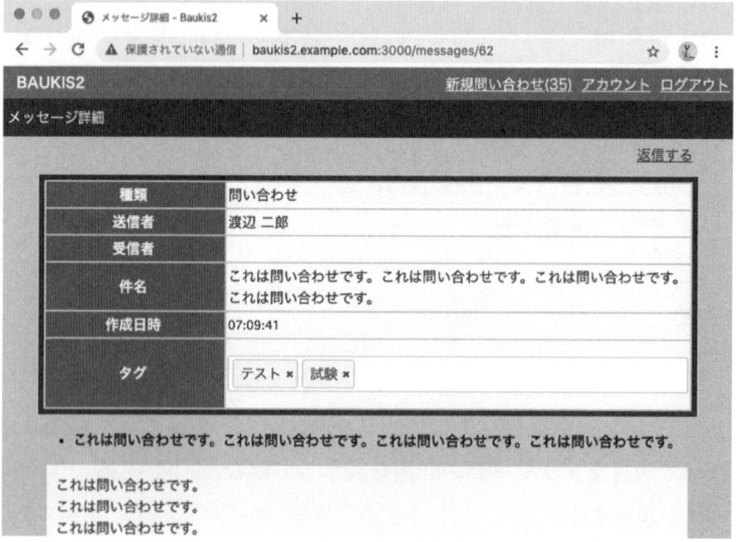

図 12-6 タグの追加・削除インターフェース (2)

「テスト」の右にある×印をクリックすれば「テスト」の文字が消えます。また、「試験」の右に

● 12-2 メッセージへのタグ付け

カーソルが表示されている状態で Backspace キー（macOS の場合は Delete キー）を押すと、「試験」の
文字が消えます。

12-2-5 タグの追加・削除

メッセージにタグを追加・削除する機能を Baukis2 に組み込みます。

■ ルーティング

config/routes.rb を次のように書き換えてください。

リスト 12-20　config/routes.rb

```
  :
19       get "messages/count" => "ajax#message_count"
20 +     post "messages/:id/tag" => "ajax#add_tag", as: :tag_message
21 +     delete "messages/:id/tag" => "ajax#remove_tag"
22       resources :messages, only: [ :index, :show, :destroy ] do
23         get :inbound, :outbound, :deleted, on: :collection
  :
```

POST メソッドと DELETE メソッドの両方に対応したアクションのためのルーティングを定義していま
す。タグの追加・削除は後ほど Ajax により実装するので、コントローラには Staff::AjaxController
を指定しています。また、問い合わせのデータベースレコードを特定できるように URL パターンに
:id を含めている点にも注意をしてください。

■ add_tag、remove_tag アクションの実装

staff/ajax コントローラに add_tag アクションと remove_tag アクションを追加します。

リスト 12-21　app/controllers/staff/ajax_controller.rb

```
1    class Staff::AjaxController <  ApplicationController
2      before_action :check_source_ip_address
3      before_action :authorize
4      before_action :check_timeout
5      before_action :reject_non_xhr
6
```

311

Chapter 12 タグ付け

```
 7      # GET
 8      def message_count
 9        render plain: CustomerMessage.unprocessed.count
10      end
11
12 +    # POST
13 +    def add_tag
14 +      message = Message.find(params[:id])
15 +      message.add_tag(params[:label])
16 +      render plain: "ok"
17 +    end
18 +
19 +    # DELETE
20 +    def remove_tag
21 +      message = Message.find(params[:id])
22 +      message.remove_tag(params[:label])
23 +      render plain: "ok"
24 +    end
 :
```

　対象のメッセージを変数 message にセットした後、add_tag アクションであれば add_tag メソッド
を呼び、remove_tag アクションであれば remove_tag メソッドを呼び出しています。

　Message モデルに add_tag メソッドと remove_tag メソッドを追加します。

リスト 12-22　app/models/message.rb

```
 :
27      def tree
28        return @tree if @tree
29        r = root || self
30        messages = Message.where(root_id: r.id).select(:id, :parent_id, :subject)
31        @tree = SimpleTree.new(r, messages)
32      end
33 +
34 +    def add_tag(label)
35 +      self.class.transaction do
36 +        tag = Tag.find_by(value: label)
37 +        tag ||= Tag.create!(value: label)
38 +        unless message_tag_links.where(tag_id: tag.id).exists?
39 +          message_tag_links.create!(tag_id: tag.id)
40 +        end
41 +      end
42 +    end
```

```
43 +
44 +     def remove_tag(label)
45 +       self.class.transaction do
46 +         if tag = Tag.find_by(value: label)
47 +           message_tag_links.find_by(tag_id: tag.id).destroy
48 +           if tag.message_tag_links.empty?
49 +             tag.destroy
50 +           end
51 +         end
52 +       end
53 +     end
54   end
```

　処理の中身はそれほど複雑ではありません。add_tag メソッドでは、引数 label を value カラムの
値として持つ Tag オブジェクトの有無を調べ、なければ作り、そして Message オブジェクトと結び付
けます。remove_tag メソッドでは、引数 label を value カラムの値として持つ Tag オブジェクトの
有無を調べ、あれば Message オブジェクトとの結び付きを絶ちます。さらに、その結果としてその Tag
オブジェクトがどの Message オブジェクトとも結び付けられていない状態になれば、Tag オブジェク
トを削除します。

　tags テーブルへの操作と message_tag_links テーブルへの操作は、どちらかだけが成功してはま
ずいので、メソッド全体をトランザクションで囲んでいます。

> 複数の職員がほぼ同時に同じタグを追加あるいは削除しようとすると、タイミングによって add_tag メ
> ソッドおよび remove_tag メソッドはエラーを引き起こす可能性があります。この点については、第 4
> 節で検討します。

■ JavaScript プログラムの作成

　先ほど作成したタグ追加・削除のユーザーインターフェースから、staff/messages#tag アクショ
ンを呼び出すための JavaScript プログラムを作成します。

　ただし、その前に準備作業が必要です。タグを追加・削除する対象の Message オブジェクトの id 属
性が分からないと JavaScript プログラムで staff/messages#tag アクションの URL を作れません。そ
こで、staff/messages#show アクションの ERB テンプレートを次のように書き換えます。

Chapter 12 タグ付け

リスト 12-23　app/views/staff/messages/show.html.erb

```
   :
18        <tr>
19          <th>タグ</th>
20          <td>
21 -          <%= markup(:ul, id: "tag-it") do |m|
21 +          <%= markup(:ul, id: "tag-it", "data-message-id" => @message.id,
22 +            "data-path" => staff_tag_message_path(id: @message.id)) do |m|
23              @message.tags.each do |tag|
24                m.li tag.value
25              end
26            end %>
27          </td>
28        </tr>
   :
```

この結果、JavaScript プログラムにおいて

```
$("#tag-it").data("message-id")
$("#tag-it").data("path")
```

のように書けば、Message オブジェクトの id 属性およびタグ追加・削除 API の URL パスを取得できるようになります。

　最後に、tags.js を次のように書き換えます。

リスト 12-24　app/javascript/staff/tags.js

```
 1    require("jquery-ui")
 2    require("tag-it")
 3
 4    $(document).on("turbolinks:load", () => {
 5      if ($("#tag-it").length) {
 6 -      $("#tag-it").tagit()
 6 +      const messageId = $("#tag-it").data("message-id")
 7 +      const path = $("#tag-it").data("path")
 8 +
 9 +      $("#tag-it").tagit({
10 +        afterTagAdded: (e, ui) => {
11 +          if (ui.duringInitialization) return
12 +          $.post(path, { label: ui.tagLabel })
13 +        },
14 +        afterTagRemoved: (e, ui) => {
```

314

```
15  +          if (ui.duringInitialization) return
16  +          $.ajax({ type: "DELETE", url: path, data: { label: ui.tagLabel } })
17  +        }
18  +      })
19    }
20  })
```

Tag-it はタグが追加されると afterTagAdded というイベントを発し、11-12 行に書かれているコードを実行します。ui.duringInitialization は、Tag-it がユーザーインターフェースを初期化している段階にあるかどうかを真偽値で返します。ここでは、初期化の間に発せられた afterTagAdded イベントを無視しています。すなわち、メッセージにすでに設定されているタグを Tag-it が表示した場合には、11-12 行のコードは実行されません。

6 行目では、タグを追加する対象のメッセージの id 属性を取得して変数 messageId にセットしています。7 行目では、staff/messages#tag アクションの URL パスを変数 path にセットしています。そして、12 行目でその URL パスを呼び出します。ui.tagLabel には追加されたタグのラベル文字列がセットされています。

16 行目には、タグが削除された場合に実行すべき処理内容が記述されています。

```
$.ajax({ type: "DELETE", url: path, data: { label: ui.tagLabel } })
```

DELETE メソッドで Ajax 呼び出しをする場合は、このように書きます。公式として、このままの形で覚えてください。

では、動作確認をしましょう。ブラウザで適当なメッセージの詳細表示ページを開き、「テスト」というタグを追加してください。そして、ブラウザのページを再読込して、そのまま「テスト」というタグが表示されていれば成功です。次に、「テスト」というタグを削除します。ブラウザのページを再読込して、「テスト」というタグが表示されなければ成功です。

12-3 タグによるメッセージの絞り込み

この節では、あるタグと結び付けられたメッセージだけを検索する機能を Baukis2 に追加します。

Chapter 12 タグ付け

12-3-1 シードデータ

開発用にいくつかのタグを追加し、タグとメッセージを結び付けるシードデータ投入スクリプトを作成します。

リスト 12-25　db/seeds/development/tags.rb (New)

```
 1  names = %w(緊急 苦情 請求書 法人)
 2
 3  tags =
 4    names.map do |name|
 5      Tag.create!(value: name)
 6    end
 7
 8  tag_for_test = Tag.create!(value: "TEST")
 9
10  Message.all.each do |m|
11    tags.sample(rand(3)).each do |tag|
12      MessageTagLink.create!(message: m, tag: tag)
13    end
14
15    MessageTagLink.create!(message: m, tag: tag_for_test)
16  end
```

db/seeds.rb を書き換えます。

リスト 12-26　db/seeds.rb

```
 1  table_names = %w(
 2    staff_members administrators staff_events customers
 3 -  programs entries messages
 3 +  programs entries messages tags
 4  )
 :
```

データベースをリセットします。

```
$ bin/rails db:reset
```

316

● 12-3 タグによるメッセージの絞り込み

12-3-2 ルーティング

config/routes.rb を次のように書き換えます。

リスト 12-27　config/routes.rb

```
  :
22        resources :messages, only: [ :index, :show, :destroy ] do
23          get :inbound, :outbound, :deleted, on: :collection
24          resource :reply, only: [ :new, :create ] do
25            post :confirm
26          end
27        end
28 +      resources :tags, only: [] do
29 +        resources :messages, only: [ :index ] do
30 +          get :inbound, :outbound, :deleted, on: :collection
31 +        end
32 +      end
33      end
34    end
  :
```

staff/tags リソースにネストされた messages リソースを定義しています。コントローラは既存の
staff/messages を利用します。

12-3-3 index アクションの変更

まず、staff/messages#index アクションを次のように書き換えます。

リスト 12-28　app/controllers/staff/messages_controller.rb

```
1    class Staff::MessagesController < Staff::Base
2      def index
3        @messages = Message.not_deleted.sorted.page(params[:page])
4 +      if params[:tag_id]
5 +        @messages = @messages.joins(:message_tag_links)
6 +          .where("message_tag_links.tag_id" => params[:tag_id])
7 +      end
8      end
  :
```

317

Chapter 12 タグ付け

このアクションは、staff/tags リソースにネストされて呼び出される場合とそうでない場合があります。その区別は tag_id パラメータの有無で分かります。staff/tags リソースにネストされている場合は、7～8 行のコードが実行されます。

```
@messages = @messages.joins(:message_tag_links)
  .where("message_tag_links.tag_id" => params[:tag_id])
```

messages_tag_links テーブルのカラムの値に基づいて messages テーブルを絞り込むため、messages_tag_links テーブルを結合（join）しています。

次に、メッセージの一覧ページに現在使われているタグのリストを表示します。

リスト 12-29　app/views/staff/messages/_tags.html.erb (New)

```
 1  <div class="tags">
 2    タグ:
 3    <% Tag.all.each do |tag| %>
 4      <% if tag.id == params[:tag_id].to_i %>
 5        <span class="current_tag"><%= tag.value %></span>
 6      <% else %>
 7        <%= link_to tag.value, [ :staff, tag, :messages ] %>
 8      <% end %>
 9    <% end %>
10  </div>
```

部分テンプレートを ERB テンプレート本体に埋め込みます。

リスト 12-30　app/views/staff/messages/index.html.erb

```
 :
42      <%= paginate @messages %>
43 +
44 +    <%= render "tags" %>
45    </div>
```

スタイルシートを調整します。

リスト 12-31　app/assets/stylesheets/staff/divs_and_spans.scss

```
 1  @import "colors";
 2  @import "dimensions";
 3
```

● 12-3 タグによるメッセージの絞り込み

```
 4    div.description, div.body {
 5      margin: $wide;
 6      padding: $wide;
 7      background-color: $very_light_gray;
 8    }
 9  +
10  + div.tags {
11  +   margin: $wide 0;
12  +   padding: $wide;
13  +   background-color: $very_light_gray;
14  +
15  +   span.current_tag {
16  +     font-weight: bold;
17  +   }
18  + }
```

ブラウザで問い合わせ一覧ページを表示すると、図 12-7 のような画面になります。

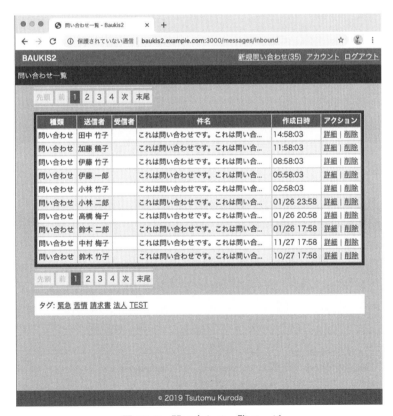

図 12-7 問い合わせ一覧ページ

319

Chapter 12 タグ付け

ここでタグリストから「TEST」をクリックすると、図 12-8 のように問い合わせが絞り込まれます。

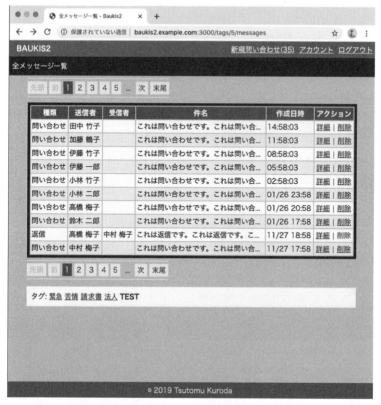

図 12-8　タグで絞り込まれた問い合わせ一覧

12-3-4 リンクの設置

「問い合わせ一覧」、「返信一覧」、「全メッセージ一覧」、「ゴミ箱」の間を簡単に行ったり来たりできるように、すべてのリンクを集めた部分テンプレートを作ります。

リスト 12-32　app/views/staff/messages/_links.html.erb (New)

```
<div class="links">
  <%= link_to "問い合わせ一覧", :inbound_staff_messages %>
  <%= link_to "返信一覧", :outbound_staff_messages %>
  <%= link_to "全メッセージ一覧", :staff_messages %>
  <%= link_to "ゴミ箱", :deleted_staff_messages %>
```

● 12-3 タグによるメッセージの絞り込み

```
6      <% if @message.kind_of?(CustomerMessage) %>
7        <%= link_to "返信する", new_staff_message_reply_path(@message) %>
8      <% end %>
9    </div>
```

部分テンプレートをメッセージ一覧ページの ERB テンプレートに埋め込みます。

リスト 12-33   app/views/staff/messages/index.html.erb

```
 :
11    <h1><%= @title %></h1>
12
13    <div class="table-wrapper">
14 +    <%= render "links" %>
15 +
16      <%= paginate @messages %>
 :
```

部分テンプレートをメッセージ詳細ページの ERB テンプレートに埋め込みます。

リスト 12-34   app/views/staff/messages/show.html.erb

```
 1    <% @title = "メッセージ詳細" %>
 2    <h1><%= @title %></h1>
 3
 4    <div class="table-wrapper">
 5 -    <% if @message.kind_of?(CustomerMessage) %>
 6 -      <div class="links">
 7 -        <%= link_to "返信する", new_staff_message_reply_path(@message) %>
 8 -      </div>
 9 -    <% end %>
 5 +    <%= render "links" %>
 6
 7      <table class="attributes">
 :
```

メッセージ一覧ページの表示は図 12-9 のようになります。

321

Chapter 12 タグ付け

図 12-9 メッセージ一覧ページにリンクを設置

メッセージ詳細ページの表示は図 12-10 のようになります。顧客からの問い合わせの場合は、「返信する」リンクも表示されることも確認してください。

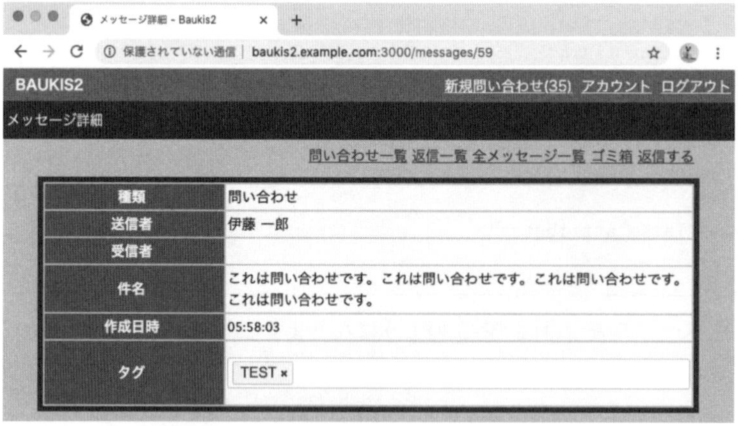

図 12-10 メッセージ詳細ページにリンクを設置

● 12-3 タグによるメッセージの絞り込み

12-3-5 引数を取るスコープ

最後に、staff/messages#index アクションで絞り込みを行っているコードを他のアクションに移します。移す前にリファクタリングを行います。現在の staff/messages#index アクションのコードは次のようになっています。

```
@messages = Message.not_deleted.sorted.page(params[:page])
if params[:tag_id]
  @messages = @messages.joins(:message_tag_links)
    .where("message_tag_links.tag_id" => params[:tag_id])
end
@messages = @messages.page(params[:page])
```

if から end までの処理を Message モデルのスコープ tagged_as として抽出します。

リスト 12-35　app/models/message.rb

```
 :
23      scope :sorted, -> { order(created_at: :desc) }
24 +
25 +    scope :tagged_as, -> (tag_id) do
26 +      if tag_id
27 +        joins(:message_tag_links).where("message_tag_links.tag_id" => tag_id)
28 +      else
29 +        self
30 +      end
31 +    end
32
33      attr_accessor :child_nodes
 :
```

ここまでに登場した他のスコープとは異なり、このスコープ tagged_as は引数を 1 個取ります。引数 tag_id が nil でなければ、テーブル message_tag_links を連結して tag_id で絞り込みます。引数 tag_id が nil であれば、self を返します。この場合、検索条件は追加されません。

> コードが複数行にわたるため do と end で囲んでいますが、中括弧の組を使用しても構いません。

tagged_as スコープを利用して、staff/messages#index アクションを次のように書き換えてください。

323

Chapter 12 タグ付け

リスト 12-36 app/controllers/staff/messages_controller.rb

```
 1    class Staff::MessagesController < Staff::Base
 2      def index
 3        @messages = Message.not_deleted.sorted.page(params[:page])
 4  -     if params[:tag_id]
 5  -       @messages = @messages.joins(:message_tag_links)
 6  -         .where("message_tag_links.tag_id" => params[:tag_id])
 7  -     end
 4  +       .tagged_as(params[:tag_id])
 5      end
 :
```

続いて、`tagged_as` メソッドを用いて inbound、outbound、deleted アクションを書き換えます。

リスト 12-37 app/controllers/staff/messages_controller.rb

```
 :
 7      # GET
 8      def inbound
 9        @messages = CustomerMessage.not_deleted.sorted.page(params[:page])
10  +       .tagged_as(params[:tag_id])
11        render action: "index"
12      end
13
14      # GET
15      def outbound
16        @messages = StaffMessage.not_deleted.sorted.page(params[:page])
17  +       .tagged_as(params[:tag_id])
18        render action: "index"
19      end
20
21      # GET
22      def deleted
23        @messages = Message.not_deleted.sorted.page(params[:page])
24  +       .tagged_as(params[:tag_id])
25        render action: "index"
26      end
 :
```

最後に、部分テンプレート `_tags.html.erb` を書き換えます。

324

● 12-4 一意制約と排他的ロック

リスト 12-38　app/views/staff/messages/_tags.html.erb

```
 1    <div class="tags">
 2      タグ:
 3      <% Tag.all.each do |tag| %>
 4        <% if tag.id == params[:tag_id].to_i %>
 5          <span class="current_tag"><%= tag.value %></span>
 6 +      <% elsif params[:action] == "index" %>
 7 +        <%= link_to tag.value, [ :staff, tag, :messages ] %>
 8        <% else %>
 9 -        <%= link_to tag.value, [ :staff, tag, :messages ] %>
 9 +        <%= link_to tag.value, [ params[:action], :staff, tag, :messages ] %>
10        <% end %>
11      <% end %>
12    </div>
```

ブラウザを開き、「返信一覧」、「全メッセージ一覧」、「ゴミ箱」でもタグによる絞り込みができることを確認してください。

12-4　一意制約と排他的ロック

この節では、タグの追加・削除に関連してレースコンディションが発生する可能性があることを説明し、その解決策について考えます。

12-4-1　問題の所在

Chapter 8 でレースコンディション（race condition）という概念について説明しました。「並列で走る複数の処理の結果が、順序やタイミングによって想定外の結果をもたらす」ことを、そう呼ぶのでしたね。

実は、この章で作成したタグの追加・削除機能でもレースコンディションが発生する可能性があります。職員 A と職員 B がほぼ同時に X というタグを追加する場合について考えてみましょう。まだどのメッセージに対しても X というタグが設定されていないとします。また話を簡単にするため、タグを追加する対象のメッセージは異なるとしましょう。同一のメッセージを対象とする場合でも、本質的な筋書きは変わりません。

次に示すのは Message#add_tag メソッドのコードです。

325

Chapter 12 タグ付け

```
def add_tag(label)
  tag = Tag.find_by(value: label)
  tag ||= Tag.create!(value: label)
  unless message_tag_links.where(tag_id: tag.id).exists?
    message_tag_links.create!(tag_id: tag.id)
  end
end
```

以下、最初の 2 行の処理内容がタイミングによって想定外の結果をもたらすことを説明します。通常は次のように事態が進行するはずです。

表 12-1

	職員 A のための処理	職員 B のための処理
①	tags テーブルで X を検索→なし	
②	tags テーブルにレコードを挿入→成功	
③		tags テーブルで X を検索→あり

②で X というタグが登録されるので、職員 B にとっては既存のタグをあるメッセージに対して設定するということになります。

しかし、次のように事態が進む可能性もあります。

表 12-2

	職員 A のための処理	職員 B のための処理
①	tags テーブルで X を検索→なし	
②		tags テーブルで X を検索→なし
③	tags テーブルにレコードを挿入→成功	
④		tags テーブルにレコードを挿入→例外発生

このシナリオでは、④において例外が発生してしまいます。なぜなら tags テーブルの value カラムには一意制約が設定されているからです。同じ文字列を複数のレコードとして tags テーブルに挿入しようとするとデータベース管理システムがエラーを返します。結果として、職員 B はうまくタグを設定できないことになります。

このシナリオを避けるにはどうすればよいか、これが本節の問題です。

● 12-4 一意制約と排他的ロック

12-4-2 排他制御のための専用テーブルを作る

■ 基本方針

Chapter 8 ではレースコンディションの発生する箇所をトランザクションで囲み、トランザクションの冒頭でモデルオブジェクトの lock! メソッドを呼び出して排他的ロックを取得することでレースコンディションを解消しました。今回も基本的な考え方は同じですが、少し事情が異なります。

Chapter 8 においては programs テーブルと entries モデルが 1 対多で関連付けられており、entries テーブルに制限数を超えたレコードが追加されないように、programs テーブルの 1 つのレコードに対して排他的ロックを取得しました。しかし、今回は tags テーブルに設定されている一意制約が問題の鍵です。ある職員が X というタグを新規追加したいという状況において、他の職員が X というタグを追加するのを阻止しなければなりません。何に対して排他的ロックを取ればいいのでしょうか。

このような場合の 1 つの解決策は、排他制御のための専用テーブルを作ることです。

■ hash_locks テーブルの作成

原理を説明する前に、作業を済ませてしまいましょう。まず、hash_locks というテーブルを作成します。

```
$ bin/rails g model hash_lock
$ rm spec/models/hash_lock_spec.rb
```

マイグレーションスクリプトを次のように書き換えます。

リスト 12-39　db/migrate/20190101000018_create_hash_locks.rb

```
 1    class CreateHashLocks < ActiveRecord::Migration[6.0]
 2      def change
 3        create_table :hash_locks do |t|
 4  +       t.string :table, null: false
 5  +       t.string :column, null: false
 6  +       t.string :key, null: false
 7
 8          t.timestamps
 9        end
10  +
```

327

Chapter 12 タグ付け

```
11 +        add_index :hash_locks, [ :table, :column, :key ], unique: true
12         end
13     end
```

マイグレーションを実行します。

```
$ bin/rails db:migrate
```

■ シード

続いて、シードデータの投入スクリプトを作成します。hash_locks テーブルのデータは実運用環境
でも必要となりますので、他のテーブルとは分離して db/seeds ディレクトリ直下に作成します。

リスト 12-40　db/seeds.rb

```
 1 +  common_table_names = %w(hash_locks)
 2 +  common_table_names.each do |table_name|
 3 +    path = Rails.root.join("db", "seeds", "#{table_name}.rb")
 4 +    if File.exist?(path)
 5 +      puts "Creating #{table_name}...."
 6 +      require(path)
 7 +    end
 8 +  end
 9
10    table_names = %w(
11      staff_members administrators staff_events customers
12      programs entries messages tags
13    )
 :
```

hash_locks テーブルには 256 個のレコードを投入します。

リスト 12-41　db/seeds/hash_locks.rb (New)

```
 1    256.times do |i|
 2      HashLock.create!(table: "tags", column: "value", key: sprintf("%02x", i))
 3    end
```

ブロック変数 i には 0 から 255 までの値がセットされます。式 sprintf("%02x", i) は、2 桁の 16
進数 "00" 〜 "ff" を文字列として返します。

● 12-4 一意制約と排他的ロック

シードデータを投入します。

```
$ bin/rails r db/seeds/hash_locks.rb
```

> すでに Baukis2 を実運用環境で使用している場合は、マイグレーションを実行した後でこのコマンドを
> 実行してください。開発環境であれば bin/rails db:reset コマンドでデータベースを作り直しても構
> いません。

■ HashLock.aquire メソッド

次に、HashLock クラスにクラスメソッド acquire を次のように定義します。

リスト 12-42　app/models/hash_lock.rb

```
1    class HashLock < ApplicationRecord
2  +    class << self
3  +      def acquire(table, column, value)
4  +        HashLock.where(table: table, column: column,
5  +          key: Digest::MD5.hexdigest(value)[0,2]).lock(true).first!
6  +      end
7  +    end
8    end
```

このメソッドはテーブル名、カラム名、値という 3 つの引数を取ります。5 行目にある次の式に注
目してください。

```
Digest::MD5.hexdigest(value)[0,2]
```

Digest::MD5 のクラスメソッド hexdigest は、引数に与えられた値からハッシュ値を生成して 32
桁の 16 進数として返します。ハッシュ値は固定の長さを持つ擬似乱数で、同一の値からは常に同一の
ハッシュ値が生成されます。例えば、「緊急」という文字列の Digest::MD5 によるハッシュ値は、次
の通りです。

```
b48bd4716505181c7206376a126229c4
```

先ほどの式では末尾に [0, 2] とありますので、32 桁のハッシュ値の先頭 2 桁が取られます。つま
り、「緊急」という文字列からは "b4" という文字列が得られるわけです。

以上のことを踏まえて、改めて HashLock.acquire メソッドを見返してください。第 1 引数に "tags"、

329

Chapter 12 タグ付け

第2引数に "value"、第3引数に "緊急" を与えてこのメソッドを呼び出したとすると、次のような式が評価されることになります。

```
HashLock.where(table: "tags", column: "value", key: "b4").lock(true).first!
```

この式は、where メソッドに与えた条件を満たすレコードを hash_locks テーブルのレコードの中から検索して、そのレコードに対して排他的ロックを取得します。これを用いれば、tags テーブルにおけるレースコンディションを解消できます。

職員がタグを tags テーブルに追加する前に必ず hash_locks テーブル上の該当するレコードに対して排他的ロックを取得するというルールを作ればいいのです。そうすれば、職員 A と職員 B がほぼ同時に X というタグを tags テーブルに追加しようとしている状況でも、先に排他的ロックを取得した職員だけがタグを追加し、もう一人の職員は追加済みのタグを利用することになります。

ただし、Digest::MD5.hexdigest(value)[0,2] という式が返す値の種類はたかだか 256 種類しかありませんので、別々のタグに対して偶然同じ値を返す可能性があります。しかし、たとえそうなったとしても、一人の職員がほんの一瞬待たされるだけです。

■ Message#add_tag メソッドの変更

では、HashLock.aquire メソッドを用いて Message#add_tag メソッドを書き換えましょう。

リスト 12-43　app/models/message.rb

```
 :
43    def add_tag(label)
44      self.class.transaction do
45 +      HashLock.acquire("tags", "value", label)
46        tag = Tag.find_by(value: label)
47        tag ||= Tag.create!(value: label)
48        unless message_tag_links.where(tag_id: tag.id).exists?
49          message_tag_links.create!(tag_id: tag.id)
50        end
51      end
52    end
 :
```

トランザクションの冒頭で hash_locks テーブルのレコード1個に対する排他的ロックを取得しています。

同様に、Message#remove_tag に関しても排他的ロックの仕組みを導入します。

330

リスト 12-44　app/models/message.rb

```
 :
54      def remove_tag(label)
55        self.class.transaction do
56 +        HashLock.acquire("tags", "value", label)
57          if tag = Tag.find_by(value: label)
58            message_tag_links.find_by(tag_id: tag.id).destroy
59            if tag.message_tag_links.empty?
60              tag.destroy
61            end
62          end
63        end
64      end
65    end
```

職員 A が X というタグを削除しようとしている瞬間に、別の職員 B が X というタグを追加しようとすると、元の実装ではレースコンディションが発生する可能性があります。

Column　HashLock をいつ利用すべきか

　この節で検討したような種類のレースコンディションは、次の 2 つの条件が重なると常に発生します。

1. あるテーブルのカラムに一意制約が設定されている。
2. そのカラムの値をユーザーが自由に選択できる。

　例えば、あなたがソーシャルネットワークサービス（SNS）またはそれに類似した Web アプリケーションを開発しており、そのユーザーは登録時にユーザーを識別するための名前（仮にスクリーンネームと呼びます）を自由に設定できるとします。おそらくは users テーブルに screen_name というカラムを作るでしょう。このカラムはユーザーを識別するためのものですので、当然ながら一意制約を課します。この結果、レースコンディションの発生条件が整うことになります。

Chapter 12 タグ付け

12-5 演習問題

問題 1

customer/messages コントローラに index アクションを追加し、顧客が自分に届いたメッセージを一覧表示する機能を作成してください。詳細仕様は以下の通りです。

- 顧客のダッシュボード（トップページ）の「プログラム一覧」リンクの下に「受信メッセージ一覧」というリンクを新たに追加してください。
- 「種類」、「受信者」、「アクション」の欄は不要です。アクション欄は次問で作成します。
- タグで絞り込む機能は不要です。
- その他の仕様は staff/messages#index アクションに準じます。

問題 2

顧客がメッセージの詳細を表示する機能を作成してください。詳細仕様は以下の通りです。

- 受信メッセージ一覧表に「アクション」欄を作り、「詳細」リンクを追加してください。
- 「種類」、「受信者」、「タグ」」の欄は不要です。
- メッセージツリーの表示は不要です。
- その他の仕様は staff/messages#show アクションに準じます。

問題 3

顧客がメッセージをゴミ箱に移動する機能を作成してください。詳細仕様は以下の通りです。

- 受信メッセージ一覧表の「アクション」欄に「削除」リンクを追加してください。
- 顧客がこのリンクをクリックすると「本当に削除しますか？」というポップアップメッセージを表示してください。
- メッセージの削除が完了したら、「メッセージを削除しました。」というフラッシュメッセージを表示してください。

● 12-5 演習問題

問題4

顧客が職員からの返信に対して回答する機能を作成してください。詳細仕様は以下の通りです。

- 受信メッセージの詳細表示画面の右上に「回答する」リンクを設置してください。
- 返信フォームのビジュアルデザインは職員が問い合わせに返信するフォームに準じます。ただし、ページのタイトルは「メッセージへの回答」としてください。
- 返信フォームの確認画面には「以下の内容で回答します。よろしいですか？」というメッセージを表示してください。
- 返信メッセージの登録が完了したら、受信メッセージ一覧ページにリダイレクトしてください。また「メッセージに回答しました。」というフラッシュメッセージをページのヘッダ部分に表示してください。
- その他の仕様は staff/replies コントローラに準じます。

以上で、『Ruby on Rails 6 実践ガイド』から『Ruby on Rails 6 実践ガイド: 機能拡張編』へと続いてきた Baukis2 の開発は終了です。お疲れさまでした。

333

Appendix 演習問題解答

Chapter 3 解答

問題 1

```
$ bin/rails g migration alter_customers2
```

リスト A-1　db/migrate/20190101000009_alter_customers2.rb

```
1   class AlterCustomers2 < ActiveRecord::Migration[6.0]
2     def change
3 +     add_index :customers, [ :gender, :family_name_kana, :given_name_kana ],
4 +       name: "index_customers_on_gender_and_furigana"
5     end
6   end
```

```
$ bin/rails db:migrate
```

リスト A-2　app/forms/staff/customer_search_form.rb

```
  :
5       attr_accessor :family_name_kana, :given_name_kana,
6         :birth_year, :birth_month, :birth_mday,
7 -       :address_type, :prefecture, :city, :phone_number
7 +       :address_type, :prefecture, :city, :phone_number,
8 +       :gender
  :
```

Appendix 演習問題解答

リスト A-3　app/views/staff/customers/_search_form.html.erb

```
   :
11        m << p.drop_down_list_block(:birth_mday, "誕生日:", 1..31)
12 +      m << p.drop_down_list_block(:gender, "性別:",
13 +        [ [ "男性", "male" ], [ "女性", "female" ] ])
14        m.br
15        m.div do
16          m << p.drop_down_list_block(:address_type, "住所の検索範囲:",
17            [ [ "自宅住所のみ", "home" ], [ "勤務先のみ", "work" ] ])
18        end
   :
```

リスト A-4　app/forms/staff/customer_search_form.rb

```
   :
23        rel = rel.where(birth_year: birth_year) if birth_year.present?
24        rel = rel.where(birth_month: birth_month) if birth_month.present?
25        rel = rel.where(birth_mday: birth_mday) if birth_mday.present?
26 +      rel = rel.where(gender: gender) if gender.present?
27
28        if prefecture.present? || city.present?
   :
```

リスト A-5　app/controllers/staff/customers_controller.rb

```
   :
 7      private def search_params
 8        params[:search].try(:permit, [
 9          :family_name_kana, :given_name_kana,
10          :birth_year, :birth_month, :birth_mday,
11 -        :address_type, :prefecture, :city, :phone_number
11 +        :address_type, :prefecture, :city, :phone_number,
12 +        :gender
13        ])
14      end
   :
```

問題 2

```
$ bin/rails g migration alter_addresses2
```

335

Appendix 演習問題解答

リスト A-6 db/migrate/20190101000010_alter_addresses2.rb

```
1   class AlterAddresses2 < ActiveRecord::Migration[6.0]
2     def change
3 +     add_index :addresses, :postal_code
4     end
5   end
```

```
$ bin/rails db:migrate
```

リスト A-7 app/forms/staff/customer_search_form.rb

```
    :
5   attr_accessor :family_name_kana, :given_name_kana,
6     :birth_year, :birth_month, :birth_mday,
7     :address_type, :prefecture, :city, :phone_number,
8 -   :gender
8 +   :gender, :postal_code
    :
```

リスト A-8 app/views/staff/customers/_search_form.html.erb

```
     :
21     m << p.text_field_block(:city, "市区町村:")
22     m.br
23 +   m << p.text_field_block(:postal_code, "郵便番号:", size: 7)
24     m << p.text_field_block(:phone_number, "電話番号:")
25     m << f.submit("検索")
26   end %>
27 <% end %>
```

リスト A-9 app/forms/staff/customer_search_form.rb

```
     :
44       rel = rel.where("addresses.city" => city) if city.present?
45     end
46 +
47 +   if postal_code.present?
```

336

Appendix 演習問題解答

```
48 +        case address_type
49 +        when "home"
50 +          rel = rel.joins(:home_address)
51 +        when "work"
52 +          rel = rel.joins(:work_address)
53 +        when ""
54 +          rel = rel.joins(:addresses)
55 +        else
56 +          raise
57 +        end
58 +
59 +        rel = rel.where("addresses.postal_code" => postal_code)
60 +      end
61
62      if phone_number.present?
63        rel = rel.joins(:phones).where("phones.number_for_index" => phone_number)
64      end
 :
71    private def normalize_values
72      self.family_name_kana = normalize_as_furigana(family_name_kana)
73      self.given_name_kana = normalize_as_furigana(given_name_kana)
74      self.city = normalize_as_name(city)
75      self.phone_number = normalize_as_phone_number(phone_number)
76        .try(:gsub, /\D/, "")
77 +    self.postal_code = normalize_as_postal_code(postal_code)
78    end
79  end
```

リスト A-10　app/controllers/staff/customers_controller.rb

```
 :
 7    private def search_params
 8      params[:search].try(:permit, [
 9        :family_name_kana, :given_name_kana,
10        :birth_year, :birth_month, :birth_mday,
11        :address_type, :prefecture, :city, :phone_number,
12 -      :gender
12 +      :gender, :postal_code
13      ])
14    end
 :
```

337

Appendix 演習問題解答

問題 3

```
$ bin/rails g migration alter_phones1
```

リスト A-11　db/migrate/20190101000011_alter_phones1.rb

```
1    class AlterPhones1 < ActiveRecord::Migration[6.0]
2      def change
3  +      add_index :phones, "RIGHT(number_for_index, 4)"
4      end
5    end
```

```
$ bin/rails db:migrate
```

問題 4

リスト A-12　app/forms/staff/customer_search_form.rb

```
    :
5    attr_accessor :family_name_kana, :given_name_kana,
6      :birth_year, :birth_month, :birth_mday,
7      :address_type, :prefecture, :city, :phone_number,
8  -    :gender, :postal_code
8  +    :gender, :postal_code, :last_four_digits_of_phone_number
    :
```

リスト A-13　app/views/staff/customers/_search_form.html.erb

```
    :
21       m << p.text_field_block(:city, "市区町村:")
22       m.br
23       m << p.text_field_block(:postal_code, "郵便番号:", size: 7)
24       m << p.text_field_block(:phone_number, "電話番号:")
25 +     m << p.text_field_block(:last_four_digits_of_phone_number,
26 +       "電話番号下4桁:", size: 4)
27       m << f.submit("検索")
28     end %>
29   <% end %>
```

Appendix 演習問題解答

リスト A-14　app/forms/staff/customer_search_form.rb

```
  :
62      if phone_number.present?
63        rel = rel.joins(:phones).where("phones.number_for_index" => phone_number)
64      end
65 +
66 +    if last_four_digits_of_phone_number.present?
67 +      rel = rel.joins(:phones)
68 +        .where("RIGHT(phones.number_for_index, 4) = ?",
69 +          last_four_digits_of_phone_number)
70 +    end
71
72      rel = rel.distinct
  :
77    private def normalize_values
78      self.family_name_kana = normalize_as_furigana(family_name_kana)
79      self.given_name_kana = normalize_as_furigana(given_name_kana)
80      self.city = normalize_as_name(city)
81      self.phone_number = normalize_as_phone_number(phone_number)
82        .try(:gsub, /¥D/, "")
83      self.postal_code = normalize_as_postal_code(postal_code)
84 +    self.last_four_digits_of_phone_number =
85 +      normalize_as_phone_number(last_four_digits_of_phone_number)
86    end
87  end
```

リスト A-15　app/controllers/staff/customers_controller.rb

```
  :
7   private def search_params
8     params[:search].try(:permit, [
9       :family_name_kana, :given_name_kana,
10      :birth_year, :birth_month, :birth_mday,
11      :address_type, :prefecture, :city, :phone_number,
12 -    :gender, :postal_code
12 +    :gender, :postal_code, :last_four_digits_of_phone_number
13    ])
14  end
  :
```

339

Appendix 演習問題解答

Chapter 5 解答

問題 1

リスト A-16　app/controllers/admin/base.rb

```
 1    class Admin::Base < ApplicationController
 2 +    before_action :check_source_ip_address
 3      before_action :authorize
 :
14      helper_method :current_administrator
15 +
16 +    private def check_source_ip_address
17 +      raise IpAddressRejected unless AllowedSource.include?("admin", request.ip)
18 +    end
19
20      private def authorize
 :
```

問題 2

```
bin/rails r 'AllowedSource.create!(namespace: "admin", ip_address: "172.20.0.1")'
```

> "172.20.0.1"の部分は、エラー画面に表示された IP アドレスで置き換えてください。

問題 3

```
$ pushd spec/requests
$ cp staff/ip_address_restriction_spec.rb admin
$ popd
```

リスト A-17　spec/requests/admin/ip_address_restriction_spec.rb

```
 1    require "rails_helper"
 2
 3    describe "IP アドレスによるアクセス制限" do
 4      before do
 5        Rails.application.config.baukis2[:restrict_ip_addresses] = true
 6      end
 7
 8      example "許可" do
```

340

Appendix 演習問題解答

```
 9 -      AllowedSource.create!(namespace: "staff", ip_address: "127.0.0.1")
 9 +      AllowedSource.create!(namespace: "admin", ip_address: "127.0.0.1")
10 -      get staff_root_url
10 +      get admin_root_url
11        expect(response.status).to eq(200)
12      end
13
14      example "拒否" do
15 -      AllowedSource.create!(namespace: "staff", ip_address: "192.168.0.*")
15 +      AllowedSource.create!(namespace: "admin", ip_address: "192.168.0.*")
16 -      get staff_root_url
16 +      get admin_root_url
17        expect(response.status).to eq(403)
18      end
19    end
```

```
$ rspec spec/requests/admin/ip_address_restriction_spec.rb
```

問題 4

リスト A-18　config/initializers/baukis2.rb

```
1    Rails.application.configure do
2      config.baukis2 = {
3        staff: { host: "baukis2.example.com", path: "" },
4        admin: { host: "baukis2.example.com", path: "admin" },
5        customer: { host: "example.com", path: "mypage" },
6 -      restrict_ip_addresses: true
6 +      restrict_ip_addresses: ENV["RESTRICT_IP_ADDRESS"] == "1"
7      }
8    end
```

```
$ RESTRICT_IP_ADDRESS=1 bin/rails s -b 0.0.0.0
```

341

Appendix 演習問題解答

Chapter 7 解答

問題 1

リスト A-19　app/models/program.rb

```
   :
63     validates :application_end_time, date: {
64       after: :application_start_time,
65       before: -> (obj) { obj.application_start_time.advance(days: 90) },
66       allow_blank: true,
67       if: -> (obj) { obj.application_start_time }
68     }
69 +   validates :min_number_of_participants, :max_number_of_participants,
70 +     numericality: {
71 +       only_integer: true, greater_than_or_equal_to: 1,
72 +       less_than_or_equal_to: 1000, allow_nil: true
73 +     }
74     validate do
75       if min_number_of_participants && max_number_of_participants &&
76           min_number_of_participants > max_number_of_participants
77         errors.add(:max_number_of_participants, :less_than_min_number)
78       end
79     end
80   end
```

問題 2

リスト A-20　app/models/program.rb

```
 1   class Program < ApplicationRecord
 2 -   has_many :entries, dependent: :destroy
 2 +   has_many :entries, dependent: :restrict_with_exception
   :
```

問題 3

リスト A-21　app/models/program.rb

```
   :
77           errors.add(:max_number_of_participants, :less_than_min_number)
78         end
79     end
80 +
```

Appendix 演習問題解答

```
81 +     def deletable?
82 +       entries.empty?
83 +     end
84   end
```

問題4

リスト A-22　app/controllers/staff/programs_controller.rb

```
 :
59     def destroy
60       program = Program.find(params[:id])
61 -     program.destroy!
62 -     flash.notice = "プログラムを削除しました。"
61 +     if program.deletable?
62 +       program.destroy!
63 +       flash.notice = "プログラムを削除しました。"
64 +     else
65 +       flash.alert = "このプログラムは削除できません。"
66 +     end
67       redirect_to :staff_programs
68     end
69   end
```

Chapter 9 解答
問題1

リスト A-23　config/routes.rb

```
 :
 4     constraints host: config[:staff][:host] do
 5       namespace :staff, path: config[:staff][:path] do
 6         root "top#index"
 7         get "login" => "sessions#new", as: :login
 8         resource :session, only: [ :create, :destroy ]
 9 -       resource :account, except: [ :new, :create, :destroy ]
 9 +       resource :account, except: [ :new, :create, :destroy ] do
10 +         patch :confirm
11 +       end
 :
```

343

Appendix 演習問題解答

リスト A-24　app/controllers/staff/accounts_controller.rb

```
 :
 6      def edit
 7        @staff_member = current_staff_member
 8      end
 9 +
10 +    # PATCH
11 +    def confirm
12 +      @staff_member = current_staff_member
13 +      @staff_member.assign_attributes(staff_member_params)
14 +      if @staff_member.valid?
15 +        render action: "confirm"
16 +      else
17 +        render action: "edit"
18 +      end
19 +    end
20
21      def update
22        @staff_member = current_staff_member
23        @staff_member.assign_attributes(staff_member_params)
24 -      if @staff_member.save
25 -        flash.notice = "アカウント情報を更新しました。"
26 -        redirect_to :staff_account
27 -      else
28 -        render action: "edit"
29 -      end
24 +      if params[:commit]
25 +        if @staff_member.save
26 +          flash.notice = "アカウント情報を更新しました。"
27 +          redirect_to :staff_account
28 +        else
29 +          render action: "edit"
30 +        end
31 +      else
32 +        render action: "edit"
33 +      end
34      end
 :
```

リスト A-25　app/views/staff/accounts/edit.html.erb

```
1    <% @title = "アカウント情報編集" %>
2    <h1><%= @title %></h1>
```

344

```
 3
 4      <div id="generic-form">
 5 -      <%= form_with model: @staff_member, url: :staff_account do |f|%>
 5 +      <%= form_with model: @staff_member, url: :confirm_staff_account do |f|%>
 6 -        <%= render "form", f: f %>
 6 +        <%= render "form", f: f, confirming: false %>
 7        <div class="buttons">
 8 -        <%= f.submit "更新" %>
 8 +        <%= f.submit "確認画面へ進む" %>
 9         <%= link_to "キャンセル", :staff_account %>
10        </div>
11      <% end %>
12     </div>
```

リスト A-26　app/views/staff/accounts/confirm.html.erb (New)

```
 1     <% @title = "アカウント情報更新（確認）" %>
 2     <h1><%= @title %></h1>
 3
 4     <div id="generic-form" class="confirming">
 5       <%= form_with model: @staff_member, url: :staff_account do |f| %>
 6         <p>以下の内容でアカウントを更新します。よろしいですか？</p>
 7         <%= render "form", f: f, confirming: true %>
 8         <div class="buttons">
 9           <%= f.submit "更新" %>
10           <%= f.submit "訂正", name: "correct" %>
11         </div>
12       <% end %>
13     </div>
```

リスト A-27　app/views/staff/accounts/_form.html.erb

```
 1     <%= markup do |m|
 2 -      p = StaffMemberFormPresenter.new(f, self)
 2 +      p = confirming ? ConfirmingUserFormPresenter.new(f, self) :
 3 +        StaffMemberFormPresenter.new(f, self)
 4       m << p.notes
 5       p.with_options(required: true) do |q|
 6         m << q.text_field_block(:email, "メールアドレス", size: 32)
 7         m << q.full_name_block(:family_name, :given_name, "氏名")
 8         m << q.full_name_block(:family_name_kana, :given_name_kana, "フリガナ")
```

Appendix 演習問題解答

```
 9      end
10    end %>
```

問題2

リスト A-28　spec/requests/staff/my_account_management_spec.rb

```
 :
39    describe "更新" do
40      let(:params_hash) { attributes_for(:staff_member) }
41      let(:staff_member) { create(:staff_member) }
42
43      example "email 属性を変更する" do
44        params_hash.merge!(email: "test@example.com")
45        patch staff_account_url,
46 -        params: { id: staff_member.id, staff_member: params_hash }
46 +        params: { id: staff_member.id, staff_member: params_hash, commit: "更新" }
47        staff_member.reload
48        expect(staff_member.email).to eq("test@example.com")
49      end
50
51      example "例外 ActionController::ParameterMissing が発生" do
52 -      expect { patch staff_account_url, params: { id: staff_member.id } }.
53 -        to raise_error(ActionController::ParameterMissing)
52 +      expect {
53 +        patch staff_account_url, params: { id: staff_member.id, commit: "更新" }
54 +      }.to raise_error(ActionController::ParameterMissing)
55      end
56
57      example "end_date の値は書き換え不可" do
58        params_hash.merge!(end_date: Date.tomorrow)
59        expect {
60          patch staff_account_url,
61 -          params: { id: staff_member.id, staff_member: params_hash }
61 +          params: { id: staff_member.id, staff_member: params_hash, commit: "更新" }
62        }.not_to change { staff_member.end_date }
63      end
64    end
65  end
```

346

Appendix 演習問題解答

問題3

リスト A-29　spec/features/staff/account_management_spec.rb (New)

```ruby
require "rails_helper"

feature "職員によるアカウント管理" do
  include FeaturesSpecHelper
  let(:staff_member) { create(:staff_member) }

  before do
    switch_namespace(:staff)
    login_as_staff_member(staff_member)
    click_link "アカウント"
    click_link "アカウント情報編集"
  end

  scenario "職員がメールアドレス、氏名、フリガナを更新する" do
    fill_in "メールアドレス", with: "test@oiax.jp"
    fill_in "staff_member_family_name", with: "試験"
    fill_in "staff_member_given_name", with: "花子"
    fill_in "staff_member_family_name_kana", with: "テスト"
    fill_in "staff_member_given_name_kana", with: "テスト"
    click_button "確認画面へ進む"
    click_button "訂正"
    fill_in "staff_member_family_name_kana", with: "シケン"
    fill_in "staff_member_given_name_kana", with: "ハナコ"
    click_button "確認画面へ進む"
    click_button "更新"

    staff_member.reload
    expect(staff_member.email).to eq("test@oiax.jp")
    expect(staff_member.family_name).to eq("試験")
    expect(staff_member.given_name).to eq("花子")
    expect(staff_member.family_name_kana).to eq("シケン")
    expect(staff_member.given_name_kana).to eq("ハナコ")
  end

  scenario "職員がメールアドレスに無効な値を入力する" do
    fill_in "メールアドレス", with: "test@@oiax.jp"
    click_button "確認画面へ進む"

    expect(page).to have_css(
      "div.field_with_errors input#staff_member_email")
  end
end
```

347

Appendix 演習問題解答

Chapter 12 解答

問題 1

リスト A-30　config/routes.rb

```
  :
64 -      resources :messages, only: [ :new, :create ] do
64 +      resources :messages, only: [ :index, :new, :create ] do
65          post :confirm, on: :collection
66        end
  :
```

リスト A-31　app/views/customer/top/dashboard.html.erb

```
  :
4    <ul class="menu">
5      <li><%= link_to "プログラム一覧", :customer_programs %></li>
6 +    <li><%= link_to "受信メッセージ一覧", :customer_messages %></li>
7    </ul>
```

リスト A-32　app/controllers/customer/messages_controller.rb

```
1    class Customer::MessagesController < Customer::Base
2 +    def index
3 +      @messages = current_customer.inbound_messages.sorted.page(params[:page])
4 +    end
5
6      def new
  :
```

リスト A-33　app/views/customer/messages/index.html.erb (New)

```
1    <% @title = "受信メッセージ一覧" %>
2    <h1><%= @title %></h1>
3
4    <div class="table-wrapper">
5      <%= paginate @messages %>
6
7      <table class="listing">
```

348

```
 8        <tr>
 9          <th>送信者</th>
10          <th>件名</th>
11          <th>作成日時</th>
12        </tr>
13        <% @messages.each do |m| %>
14          <% p = MessagePresenter.new(m, self) %>
15          <tr>
16            <td><%= p.sender %></td>
17            <td><%= p.truncated_subject %></td>
18            <td><%= p.created_at %></td>
19          </tr>
20        <% end %>
21      </table>
22
23      <%= paginate @messages %>
24    </div>
```

問題 2

リスト A-34　config/routes.rb

```
   :
64 -      resources :messages, only: [ :index, :new, :create ] do
64 +      resources :messages, only: [ :index, :show, :new, :create ] do
65          post :confirm, on: :collection
66        end
   :
```

リスト A-35　app/controllers/customer/messages_controller.rb

```
 1    class Customer::MessagesController < Customer::Base
 2      def index
 3        @messages = current_customer.inbound_messages.sorted.page(params[:page])
 4      end
 5 +
 6 +    def show
 7 +      @message = current_customer.inbound_messages.find(params[:id])
 8 +    end
 9
10      def new
   :
```

349

Appendix 演習問題解答

リスト A-36　app/views/customer/messages/index.html.erb

```
  :
 7      <table class="listing">
 8        <tr>
 9          <th>送信者</th>
10          <th>件名</th>
11          <th>作成日時</th>
12 +        <th>アクション</th>
13        </tr>
14        <% @messages.each do |m| %>
15          <% p = MessagePresenter.new(m, self) %>
16          <tr>
17            <td><%= p.sender %></td>
18            <td><%= p.truncated_subject %></td>
19            <td><%= p.created_at %></td>
20 +          <td class="actions">
21 +            <%= link_to "詳細", customer_message_path(m) %>
22 +          </td>
23          </tr>
24        <% end %>
25      </table>
  :
```

リスト A-37　app/views/customer/messages/show.html.erb (New)

```
 1    <% @title = "メッセージ詳細" %>
 2    <h1><%= @title %></h1>
 3
 4    <div class="table-wrapper">
 5      <table class="attributes">
 6        <% p = MessagePresenter.new(@message, self) %>
 7        <tr><th>送信者</th><td><%= p.sender %></td></tr>
 8        <tr><th>件名</th><td><%= p.subject %></td></tr>
 9        <tr><th>作成日時</th><td class="date"><%= p.created_at %></td></tr>
10      </table>
11
12      <div class="body"><%= p.formatted_body %></div>
13    </div>
```

350

Appendix 演習問題解答

リスト A-38　app/assets/stylesheets/customer/divs_and_spans.scss

```
1    @import "colors";
2    @import "dimensions";
3
4 -  div.description {
4 +  div.description, div.body {
5      margin: $wide;
6      padding: $wide;
7      background-color: $very_light_gray;
8    }
```

問題 3

リスト A-39　config/routes.rb

```
 :
64 -      resources :messages, only: [ :index, :show, :new, :create ] do
64 +      resources :messages, except: [ :edit, :update ] do
65         post :confirm, on: :collection
66       end
 :
```

リスト A-40　app/controllers/customer/messages_controller.rb

```
 1    class Customer::MessagesController < Customer::Base
 2      def index
 3 -      @messages = current_customer.inbound_messages.sorted.page(params[:page])
 3 +      @messages = current_customer.inbound_messages.where(discarded: false)
 4 +        .sorted.page(params[:page])
 5      end
 :
42      private def customer_message_params
43        params.require(:customer_message).permit(:subject, :body)
44      end
45 +
46 +    def destroy
47 +      message = current_customer.inbound_messages.find(params[:id])
48 +      message.update_column(:discarded, true)
49 +      flash.notice = "メッセージを削除しました。"
50 +      redirect_back(fallback_location: :customer_messages)
51 +    end
52    end
```

351

Appendix 演習問題解答

リスト A-41　app/views/customer/messages/index.html.erb

```
 :
20        <td class="actions">
21          <%= link_to "詳細", customer_message_path(m) %>
22 +        <%= link_to "削除", customer_message_path(m), method: :delete,
23 +              data: { confirm: "本当に削除しますか？" } %>
24        </td>
 :
```

問題 4

リスト A-42　config/routes.rb

```
 :
64        resources :messages, except: [ :edit, :update ] do
65          post :confirm, on: :collection
66 +        resource :reply, only: [ :new, :create ] do
67 +          post :confirm
68 +        end
69        end
 :
```

リスト A-43　app/views/customer/messages/show.html.erb

```
 :
4      <div class="table-wrapper">
5 +      <div class="links">
6 +        <%= link_to "回答する", new_customer_message_reply_path(@message) %>
7 +      </div>
8 +
9        <table class="attributes">
 :
```

```
$ bin/rails g controller customer/replies
$ pushd app/views
$ cp staff/replies/* customer/replies/
$ popd
```

Appendix 演習問題解答

リスト A-44　app/controllers/customer/replies_controller.rb

```
 1 -  class Customer::RepliesController < ApplicationController
 1 +  class Customer::RepliesController < Customer::Base
 2 +    before_action :prepare_message
 3 +
 4 +    def new
 5 +      @reply = CustomerMessage.new
 6 +    end
 7 +
 8 +    # POST
 9 +    def confirm
10 +      @reply = CustomerMessage.new(customer_message_params)
11 +      @reply.parent = @message
12 +      if @reply.valid?
13 +        render action: "confirm"
14 +      else
15 +        flash.now.alert = "入力に誤りがあります。"
16 +        render action: "new"
17 +      end
18 +    end
19 +
20 +    def create
21 +      @reply = CustomerMessage.new(customer_message_params)
22 +      if params[:commit]
23 +        @reply.parent = @message
24 +        if @reply.save
25 +          flash.notice = "メッセージに回答しました。"
26 +          redirect_to :customer_messages
27 +        else
28 +          flash.now.alert = "入力に誤りがあります。"
29 +          render action: "new"
30 +        end
31 +      else
32 +        render action: "new"
33 +      end
34 +    end
35 +
36 +    private def prepare_message
37 +      @message = StaffMessage.find(params[:message_id])
38 +    end
39 +
40 +    private def customer_message_params
41 +      params.require(:customer_message).permit(:subject, :body)
42 +    end
```

353

Appendix 演習問題解答

```
43    end
```

リスト A-45　app/views/customer/replies/new.html.erb

```
 1 -  <% @title = "問い合わせへの返信" %>
 1 +  <% @title = "メッセージへの回答" %>
 2    <h1><%= @title %></h1>
 3
 4    <div id="generic-form" class="table-wrapper">
 5      <%= form_with model: @reply,
 6 -      url: confirm_staff_message_reply_path(@message) do |f|%>
 6 +      url: confirm_customer_message_reply_path(@message) do |f| %>
 7        <%= render "form", f: f %>
 8        <div class="buttons">
 9          <%= f.submit "確認画面へ進む" %>
10 -        <%= link_to "キャンセル", :staff_messages %>
10 +        <%= link_to "キャンセル", :customer_messages %>
11        </div>
12      <% end %>
13      <%= render "message" %>
14    </div>
```

リスト A-46　app/views/customer/replies/confirm.html.erb

```
 1 -  <% @title = "問い合わせへの返信（確認）" %>
 1 +  <% @title = "メッセージへの回答（確認）" %>
 2    <h1><%= @title %></h1>
 3
 4    <div id="generic-form" class="table-wrapper">
 5 -    <%= form_with model: @reply, url: staff_message_reply_path(@message) do |f|%>
 5 +    <%= form_with model: @reply, url: customer_message_reply_path(@message) do |f| %>
 6        <%= render "confirming_form", f: f %>
 7        <div class="buttons">
 8          <%= f.submit "送信" %>
 9          <%= f.submit "訂正", name: "correct" %>
10 -        <%= link_to "キャンセル", :staff_messages %>
10 +        <%= link_to "キャンセル", :customer_messages %>
11        </div>
12      <% end %>
13      <%= render "message" %>
14    </div>
```

Appendix 演習問題解答

リスト A-47　app/views/customer/replies/_confirming_form.html.erb

```
1  <%= markup(:div) do |m|
2    p = ConfirmingFormPresenter.new(f, self)
3 -  m.div "以下の内容で返信します。よろしいですか？"
3 +  m.div "以下の内容で回答します。よろしいですか？"
4    m << p.text_field_block(:subject, "件名")
5    m << p.text_area_block(:body, "本文")
6  end %>
```

_form.html.erb および _message.html.erb は修正不要。

355

索　引

Symbols

$.ajax 関数 · 315
$.get 関数 · 264
&. 演算子 · 61
_destroy · 116

A

ActionController::ParameterMissing · · · · · · · · · · · 26
ActionController::Parameters オブジェクト · · · · 60
ActiveModel::Model モジュール · · · · · · · · · · · · · · 30
ActiveRecord::IrreversibleMigration · · · · · · · · · · · 55
ActiveSupport::Concern · · · · · · · · · · · · · · · · · · · 27
add_index メソッド · 49
add_tag アクション · 311
after_validation コールバック · · · · · · · · · · · 114
Ajax · 263
Ajax 呼出し · 315
AllowedSource モデル · 95
app/presenters ディレクトリ · · · · · · · · · · · · · 32
app/services ディレクトリ · · · · · · · · · · · · · · · 31
assign_attributes メソッド · · · · · · · · · · · · · · 26
AS演算子 · 146
attribute クラスメソッド · · · · · · · · · · · · · · · 152

B

Baukis2 · 12
before_validation コールバック · · · · · · · · · · 250
button_to ヘルパーメソッド · · · · · · · · · · · · · 196

C

Capybara · 43
change メソッド · 52
collection オプション · · · · · · · · · · · · · · · · · · 136
config/initializers ディレクトリ · · · · · · · 23, 93
constraints メソッド · · · · · · · · · · · · · · · · · · · 23
COUNT 関数 · 146

D

db:migrate:reset タスク · · · · · · · · · · · · · · · · · 55
db:reset タスク · 55
decorated_label メソッド · · · · · · · · · · · · · · · · 37
delegate · 34
deleted フラグ · 281
Digest::MD5 · 329
distinct メソッド · 66
Docker · 17
Docker Compose · 17
down メソッド · 52

E

each メソッド · 118
error_messages_for メソッド · · · · · · · · · · · · · 37
ErrorHandlers モジュール · · · · · · · · · · · · · · · · 94
execute メソッド · 53

expand メソッド · 284
expect メソッド · 40
extend メソッド · 27
EXTRACT 関数 · 53

F

feature メソッド · 44
fields_for メソッド · · · · · · · · · · · · · · · · · · · 116
form_with メソッド · · · · · · · · · · · · · · · · · 29, 116

G

GET メソッド · 57
Git · 17
group メソッド · 146

H

has_many メソッド · · · · · · · · · · · · · · · · · · 65, 306
has_one メソッド · 65
have_key マッチャー · 88
hexdigest クラスメソッド · · · · · · · · · · · · · · · 329
hosts ファイル · 18
HtmlBuilder · 35
HTTP_REFERER リクエストヘッダ · · · · · · · · · 281

I

included メソッド · 27
includes メソッド · 141
inclusion タイプのバリデーション · · · · · · · · · · 96
index オプション · 116
inheritance_column 属性 · · · · · · · · · · · · · · · · 248
init_virtual_attributes メソッド · · · · · · · · · 153
INNER JOIN · 148
instance_variable_get メソッド · · · · · · · · · · · 89
ip_address= メソッド · · · · · · · · · · · · · · · · · · · 97
IP アドレス · 92

J

joins メソッド · · · · · · · · · · · · · · · · · · · 65, 148, 318
jQuery UI ウィジェット · · · · · · · · · · · · · · · · · · 307

L

last_octet 属性 · 111
LEFT OUTER JOIN · 148
left_joins メソッド · 148
left_outer_joins メソッド · · · · · · · · · · · · · · · 148
let メソッド · 43
lock!インスタンスメソッド · · · · · · · · · · · · · · · 202
lock!メソッド · 327

M

markup メソッド · 35
maxlength オプション · · · · · · · · · · · · · · · · · · · 155

N

N+1 問題 ································ 140, 144
namespace メソッド ······················ 23
name オプション ························· 49
NKF モジュール ························· 29
nokogiri ······························ 35
normalization ························· 29
number_with_delimiter メソッド ········· 135
numericality タイプのバリデーション ······· 97

O

order メソッド ························· 63

P

page メソッド ························· 134
partial オプション ····················· 136
path オプション ······················· 25
permanent メソッド ····················· 85

R

Range オブジェクト ····················· 57
redirect_back メソッド ················· 281
reject_non_xhr メソッド ················· 266
Relation オブジェクト ··················· 61
remove_tag アクション ················· 311
render メソッド ······················· 136
request メソッド ······················ 102
reverse メソッド ······················· 57
RIGHT 関数 ··························· 71
routes.rb ··························· 22
RSpec ························ 38, 87, 98

S

scenario メソッド ····················· 44
scope クラスメソッド ··················· 143
select メソッド ···················· 146, 157
SimpleTree クラス ····················· 291
SQL 文 ····························· 51
Strong Parameters ········ 25, 60, 112, 301

T

Tag-it ····························· 307
text_area_block メソッド ········· 252, 256
text_field_block メソッド ··············· 37
through オプション ····················· 306
to_a メソッド ························· 57
to_i メソッド ························· 183
tree メソッド ························· 284
truncate メソッド ····················· 276
Turbolinks ························· 265

U

uniqueness タイプのバリデーション ········ 114
uniq メソッド ························· 66
unprocessed スコープ ················· 261
up メソッド ························· 52

V

values メソッド ······················· 118

W

where メソッド ························· 63
wildcard フラグ ······················· 113
window.setInterval 関数 ················· 265
with_options メソッド ··················· 38

X

xhr? メソッド ························· 267

あ

アールスペック ························· 38
アクセス制限機能 ······················· 92
値の正規化 ··························· 28

い

委譲 ······························· 34
一意制約 ························ 304, 326
一括削除 ··························· 105
インデックス ························· 47

え

エグザンプル ························· 39
エグザンプルグループ ··················· 39
エスケープ ··························· 257

お

オクテット ··························· 93

か

改行文字 ··························· 257
隠しフィールド ························· 116
確認画面 ··························· 300
仮想環境構成ツール ····················· 17
仮想フィールド ························· 152
カピバラ ··························· 43
管理者 ······························ 12
関連付け（モデル間の） ··················· 65

く

クッキー ··························· 84

け

結合（テーブルの） ················ 65, 318

こ

顧客 ··························· 12, 72
顧客検索機能 ························· 46
コレクションルーティング ··········· 106, 251

さ

サービスオブジェクト ············ 31, 78, 117
再帰メソッド ························· 285

索引

し
実運用環境 ································· 328
自動ログイン機能 ····················· 81
述語マッチャー ························ 88
職員 ······································ 12

す
スクリーンネーム ···················· 331
スコープ ················· 143, 272, 323
ステータス 403 ······················· 261

せ
正規化 ······························· 69, 70
正規表現 ····························· 69, 88
制約 ······································ 24
セッションオブジェクト ············ 84
セレクトボックス ····················· 46
全角 ································· 29, 69

た
タグ ····································· 304
多対多の関連 ···················· 124, 304
単一テーブル継承 ···················· 248

ち
チェックボックス ····················· 81
遅延初期化 ···························· 293

つ
ツリー構造 ···························· 270
ツリー構造のデータ ·················· 291

て
データベーススキーマ ················· 47
テーブル結合 ·························· 65
テストケース ·························· 39
電話番号下 4 桁 ······················· 71

と
問い合わせフォーム ·················· 246
特殊文字 ······························ 257
ドット（カラム名に含まれる）············ 66
トランザクション ·········· 183, 202, 327
ドロップダウンリスト ·········· 46, 58, 70

な
内部結合 ······························ 148
名前空間 ······························ 24
なりすまし ···························· 85

は
排他的ロック ····················· 201, 327
ハッシュ値 ···························· 329

パ
パフォーマンス ···················· 50, 289
半角 ································· 29, 69

ひ
左外部結合 ···························· 148
ビューコンテキスト ···················· 33

ふ
ファクトリー ·························· 41
フォームオブジェクト ·········· 29, 55, 76, 81
フォームプレゼンター ················· 36
複合インデックス ················· 49, 70
プレースホルダー記号 ················ 100
プレゼンター ·························· 32
プレフィックス ························ 60

へ
ページネーション ····················· 61

ほ
ホスト ·································· 24

ま
マイグレーションスクリプト ·········· 47
マスアサインメント脆弱性 ············· 25

め
メッセージツリー ···················· 284
メモ化 ·································· 43
メモリ消費量 ·························· 50

も
モデルプレゼンター ················ 32, 275

ゆ
ユーザー認証 ······················ 31, 72

り
リンクテーブル ······················ 304

る
ルーティング ·························· 22

れ
例外 ····································· 326
レースコンディション ············ 200, 325

ろ
ロールバック ·························· 52
ログイン・ログアウト機能 ············· 72

● 著者プロフィール

黒田　努（くろだ　つとむ）

東京大学教養学部卒、同大学院総合文化研究科博士課程満期退学。ギリシャ近現代史専攻。専門調査員として、在ギリシャ日本国大使館に3年間勤務。中学生の頃に出会ったコンピュータの誘惑に負け、IT業界に転身。株式会社ザッパラス技術部長、株式会社イオレ取締役副社長を経て、技術コンサルティングとIT教育を事業の主軸とする株式会社オイアクスを設立。また、2011年末にRuby on Railsによるウェブサービス開発事業の株式会社ルビキタスを知人と共同で設立し、同社代表に就任。2019年、株式会社オイアクスの社名を株式会社コアジェニックに変更し、関数型言語Elixirを使った新規Webサービス Teamgenik（チームジェニック）の事業を開始。

▷　株式会社コアジェニック: https://coregenik.com

▷　株式会社ルビキタス: https://rubyquitous.co.jp

▷　Twitter: tkrd_oiax

▷　Facebook: https://www.facebook.com/oiax.jp

● 執筆協力

藤山啓子、新真理

● スタッフ

AD ／装丁：岡田 章志＋ GY

イラスト：亀谷里美

本文デザイン／制作／編集：TSUC

本書のご感想をぜひお寄せください
https://book.impress.co.jp/books/1118101135

読者登録サービス
CLUB impress

アンケート回答者の中から、抽選で商品券(1万円分)や図書カード(1,000円分)などを毎月プレゼント。当選は賞品の発送をもって代えさせていただきます。

■ 商品に関する問い合わせ先
インプレスブックスのお問い合わせフォームより入力してください。
https://book.impress.co.jp/info/
上記フォームがご利用頂けない場合のメールでの問い合わせ先
info@impress.co.jp

- 本書の内容に関するご質問は、お問い合わせフォーム、メールまたは封書にて書名・ISBN・お名前・電話番号と該当するページや具体的な質問内容、お使いの動作環境などを明記のうえ、お問い合わせください。
- 電話やFAX等でのご質問には対応しておりません。なお、本書の範囲を超える質問に関しましてはお答えできませんのでご了承ください。
- インプレスブックス (https://book.impress.co.jp/) では、本書を含めインプレスの出版物に関するサポート情報などを提供しておりますのでそちらもご覧ください。
- 該当書籍の奥付に記載されている初版発行日から3年が経過した場合、もしくは該当書籍で紹介している製品やサービスについて提供会社によるサポートが終了した場合は、ご質問にお答えしかねる場合があります。

■ 落丁・乱丁本などの問い合わせ先
TEL 03-6837-5016　FAX 03-6837-5023
service@impress.co.jp
(受付時間／10:00-12:00、13:00-17:30 土日、祝祭日を除く)
- 古書店で購入されたものについてはお取り替えできません。

■ 書店／販売店の窓口
株式会社インプレス 受注センター
TEL 048-449-8040
FAX 048-449-8041
株式会社インプレス 出版営業部
TEL 03-6837-4635

ルビーオンレイルズシックス　　ジッセン　　　　　　キノウカクチョウヘン
Ruby on Rails 6 実践ガイド [機能拡張編]

2020年05月21日　初版発行

著　者　　　　くろだ　つとむ
　　　　　　　黒田 努

発行人　　　　小川 亨

編集人　　　　高橋隆志

発行所　　　　株式会社インプレス
　　　　　　　〒101-0051 東京都千代田区神田神保町一丁目105番地
　　　　　　　ホームページ https://book.impress.co.jp/

本書は著作権法上の保護を受けています。本書の一部あるいは全部について(ソフトウェア及びプログラムを含む)、株式会社インプレスから文書による許諾を得ずに、いかなる方法においても無断で複写、複製することは禁じられています。

Copyright © 2020 Tsutomu Kuroda All rights reserved.

印刷所　　　　大日本印刷株式会社

ISBN978-4-295-00887-3　C3055
Printed in Japan